KB263889

베르사유 왕궁

드레스 접기

ⓒ 스가와라 사이코, 2011

초판 1쇄 인쇄일 2011년 6월 24일
초판 1쇄 발행일 2011년 7월 1일

글 · 접기 스가와라 사이코   옮긴이 김은진
펴낸이 김지영   펴낸곳 작은책방
편집 김현주   디자인 박혜영
마케팅 김동준, 조명구   제작 · 관리 김동영, 김근삼, 신미혜

출판등록 2001년 7월 3일 제 2005-000022호
주소 121-895 서울시 마포구 서교동 400-16 3층
전화 (02)2648-7224   팩스 (02)2654-7696
홈페이지 www.jakeun.kr

ISBN 978-89-5979-241-2 13490

• 잘못된 책은 교환해 드립니다.

베르사유 왕궁

드레스 접기

스가와라 사이코 글 · 접기   김은진 옮김

작가의 말

　예전에 꽃을 선물 받고서, 포장지가 너무 예뻐 집에 있던 종이냅킨과 이리저리 맞추어보다가 '다발접기 인형'을 만들게 되었는데 풍성하고 화사한 드레스를 입은 귀여운 인형이었습니다. '이런 색 드레스가 좋겠다', '이런 드레스를 입어보고 싶다'는 상상을 부풀려 나가는 동안 접은 다발의 크기를 바꿔도 보고 사용하는 개수를 달리 해보기도 하면서 다양한 인형들을 만들 수 있었습니다. 또 리본이나 레이스, 조화 같은 것을 더 달아 보았더니 화려하고 귀족적인, 세련된 인형이 완성되었습니다. 모자나 핸드백, 양산, 액세서리 같은 것을 드레스에 코디하는 것도 즐거운 일입니다. 이런 저런 재료들을 찾으러 돌아다니다 보면 기대와 설렘으로 가득차고 한번 만들기 시작하면 시간 가는 줄 모르고 푹 빠져들어 버립니다. 여러분도 이런 즐거운 인형 만들기를 경험해보면 얼마나 좋을까 하고 생각해 봅니다.

스가와라 사이코

contents

응용 작품과 참고 작품은
기본 작품 만드는 방법을 참고해서 만들어 보세요.

재료 소개

이 책에서 소개하는 인형의 재료는 구매해도 되지만 예전에 받은 포장지나 선물 상자의 리본, 조화 등, 재활용할 수 있는 것들이 많이 있습니다. 먼저 주변에 있는 소재를 찾는 것부터 시작해보세요.

종이 · 포장지

생화 포장에 사용되는 포장지와 한 장짜리 종이냅킨.

리본

수예점에서 구매해도 되지만 과자 포장에 사용되는 리본이나 끈을 활용하셔도 좋습니다.

스크랩부킹 부속

문화센터나 수예점, 인터넷, 동대문 등에서도 다양한 부속들을 구할 수 있습니다.

플라워 부속

리본제, 실크제의 패션용 작은 꽃부터 비닐 소재의 조화까지 사용법은 여러 가지입니다.

🌷 인형 헤어

이 책에서는 더 가늘게 하는 테크닉도 소개하고 있
습니다.

🌷 인형 헤드

우드비즈에 눈과 입을 손그림으로 그린 것. 이 책
에서는 위의 3가지 크기를 사용했습니다.

🌷 레이스

컬러풀한 색상, 프릴 모양 등, 다양한 화학 섬유
레이스나 면 레이스가 화려함을 더해줍니다.

✽ 인형 헤드(우드비즈), 인형 헤어는 인터넷 쇼핑몰 또는 다이소 등에서 쉽게 구입 가능합니다.

다발 접는 법

이 책에서는 2장 겹쳐서 접는 방법이 많이 이용되는데,
접는 법은 보기 쉽도록 한 장의 종이로 설명하고 있습니다.

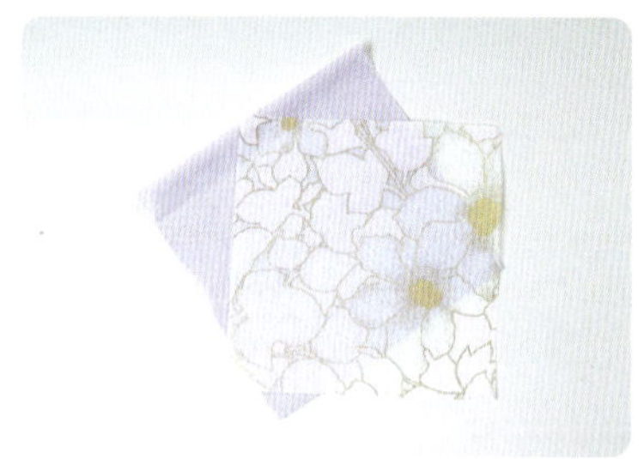

포장지와 종이냅킨, 복사용지 등을 처음부터 여러 장 겹쳐서 접습니다. 풀로 붙이지 않아도 되지만 그래도 마음이 놓이지 않는다면 가운데 부분만 조금 풀칠을 해도 됩니다.

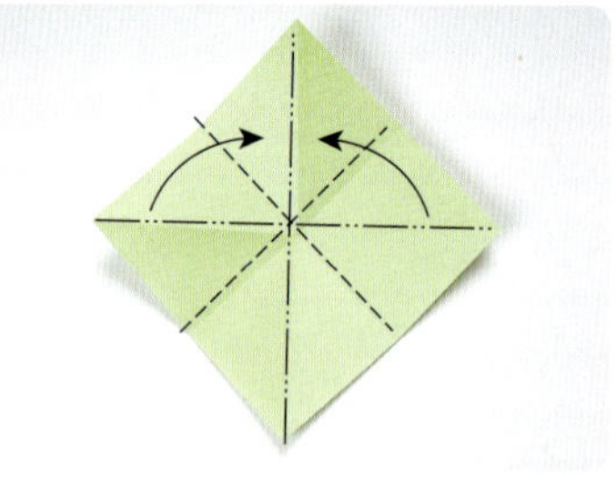

1 십자로 골접기, 대각선으로 산접기의 접은선을 만든 뒤 산접기를 맞붙여 차곡차곡 접는다.

2 삼각형을 세워서 누른다.

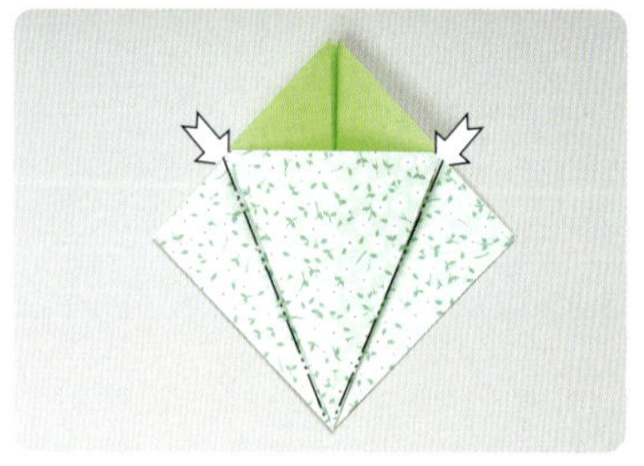

3 남은 세 군데도 똑같이 접는다.

4 한 장 젖혀서 다음 면을 꺼낸다.

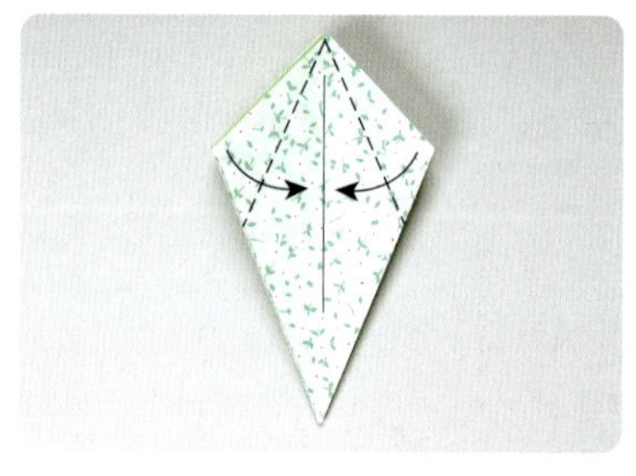

5 한가운데로 맞춰 접는다.

6 접어내린다.

7 남은 세 군데도 똑같이 접는다.

8 모두 펼친다(1~8까지는 학접기를 떠올리면 된다).

9 중심의 산 부분을 눌러준다.

10 움푹 꺼지게 했으면 접은선대로 접어개킨다.

11 점선대로 주름을 뒤로 접는다 (접혀진 대로 재접기를 한다).

QR코드나 아래 주소로 확인하면
다발 접는 법 동영상을 볼 수 있습니다.
http://blog.naver.com/inu002/150111804002

12 한가운데로 맞춰 접는다(접은선을 뒤집지 말 것!).

13 접어내린다(접은선을 뒤집지 말 것!).

14 옆칸도 똑같이 접어나간다.

15 처음에 완성한 곳은 접어놓고 작업을 계속한다.

16 2개 만들어진 모습.

17 3개째는 닫는 느낌으로 접는다.

18 3개 만들어진 모습.

19 4개째는 양끝의 주름을 꾹 맞붙여 마무리한다.

20 4개째는 주름을 3개 만들어 잡고, 닫는 느낌으로 접는다.

21 3개의 주름은 잡은 상태로 작업을 계속한다.

22 이쑤시개를 사용해 접어넣는다.

23 완성!

오드리

맑게 갠 상쾌한 오후, 마차로 소풍을 나온 길에 고성의 정원에서 꽃을 꺾었답니다.
마음속에 그리는 왕자님을 만날 날을 꿈꾸면서….

[재료] · 지정한 곳 외에는 다발접기

21cm 뿔 (메쉬종이. 보라 금은사)	1장	3장 겹치기 (토대)
21cm 뿔 (포장지. 보라)	1장	
21cm 뿔 (복사용지. 흰색)	1장	
21cm 뿔 (메쉬종이. 보라 금은사)	1장	2장 겹치기 (드레스)
21cm 뿔 (포장지. 보라)	1장	
10cm 뿔 (메쉬종이. 보라 금은사)	8장(옷자락)	
8cm 뿔 (메쉬종이. 보라 금은사)	6장(옷깃)	
6cm 뿔 (메쉬종이. 보라 금은사)	10장	2개만 2장 겹치기 (소매)
6cm 뿔 (복사용지. 흰색)	2장	
5cm 뿔 (메쉬종이. 보라 금은사)	1장	2장 겹치기 (목)
5cm 뿔 (복사용지. 흰색)	1장	
7.5cm 뿔 (복사용지. 흰색)	1장(바구니용)	

10cm 뿔 (복사용지. 흰색)	2장(모자용)	
10cm 뿔 (포장지. 흰색)	1장(모자용)	
10cm 뿔 (종이냅킨)	1장(모자용)	
인형 헤드(목제)	지름 2.7cm 1개	
인형 헤어	약간	
몰(중간 두께)	약 8cm×2개(팔)	
대나무꽂이	15.5cm×1개	
플리츠리본(모자용)	약 3cm 폭×약 25cm	
블레이드(섬유끈)(모자용)	약 1cm 폭×약 20cm	
우아한 끈(바구니용)	약 15cm	
면레이스테이프(바구니용)	약 9cm	
플라워 부속(가슴 장식)	1개	
플라워 부속(조화)	약간	

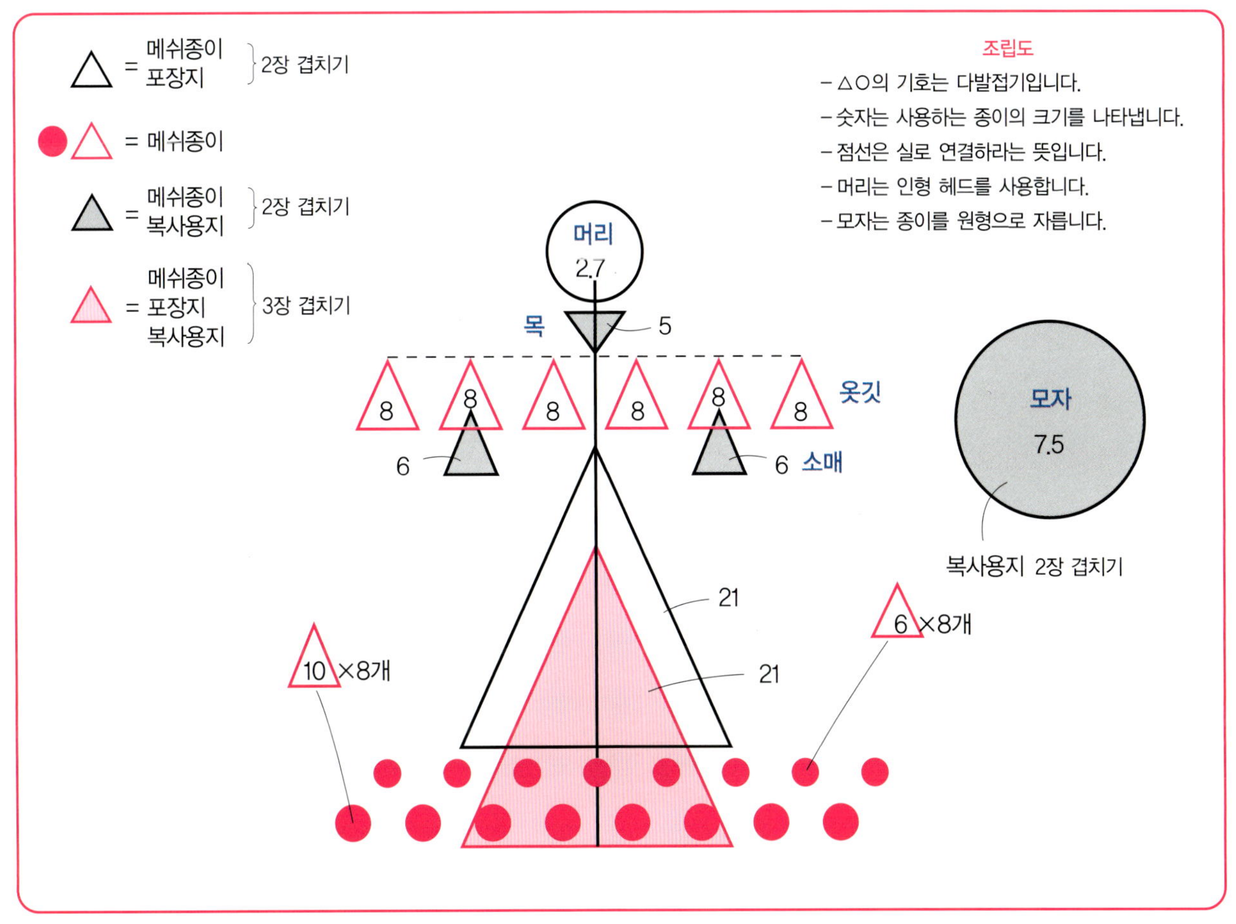

완성크기 **폭** 약 13cm **높이** 약 20cm

1 토대의 부속(3장 겹치기)에 대나무 꽃이를 끼운다(대나무꽂이의 밑부분 몇 cm에 접착제를 발라 접은 다발의 중심 부까지 끼워 넣는다.)

2 토대의 부속 위 반 정도의 주름산 에 접착제를 발라 드레스의 부속 을 겹친다. 4cm 정도의 간격을 둔다.

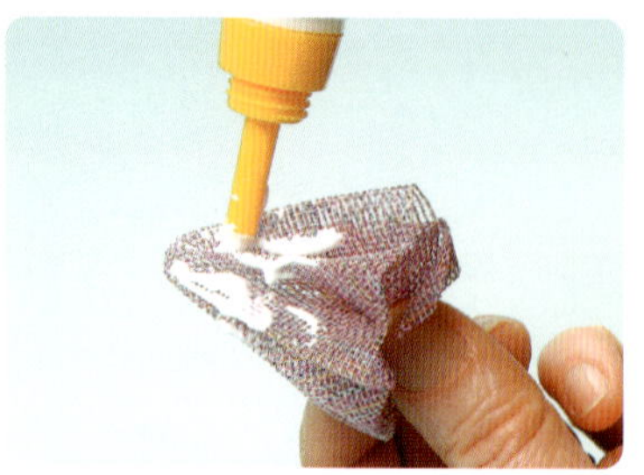

3 옷자락의 프릴이 될 부속을 붙인 다. 10cm 뿔로 접은 다발의 한쪽 면에 접착제를 바른다.

4 토대 부속의 주름골에 작은 부속 을 붙인다. 잘 붙지 않을 때는 집 게로 고정시킨다.

5 8개를 붙인 모습.

6 6cm 뿔로 접은 다발의 한쪽 면 에 접착제를 바르고 옷자락의 프릴 부속 사이에 올려놓듯이 붙인다 (8개).

7 옷깃을 만든다. 8cm 뿔로 접은 다 발을 6개 연결해 고리를 만든다.

8 접은다발이 찌그러지지 않을 정 도로 실을 잡아당겨 묶는다.

9 토대의 대나무꽂이를 끼운다.

10 목을 만든다. 미리 구멍을 뚫어 놓은 부속에 접착제를 바른다.

11 토대의 대나무꽂이에 끼운다.

12 머리의 구멍에 접착제를 바르고 대나무꽂이에 끼운다(대나무꽂이 가 튀어나올 것 같으면 잘라낼 것).

13 머리에 양면테이프를 붙인다. 정수리와 뒷머리에 양면테이프를 겹쳐가며 붙인다.

14 정수리부터의 길이를 보면서 머리카락을 붙여나간다.

15 균형을 봐가면서 머리카락을 완성한다. 겹쳐져서 양면테이프가 잘 붙지 않으면 접착제를 발라 고정시킨다.

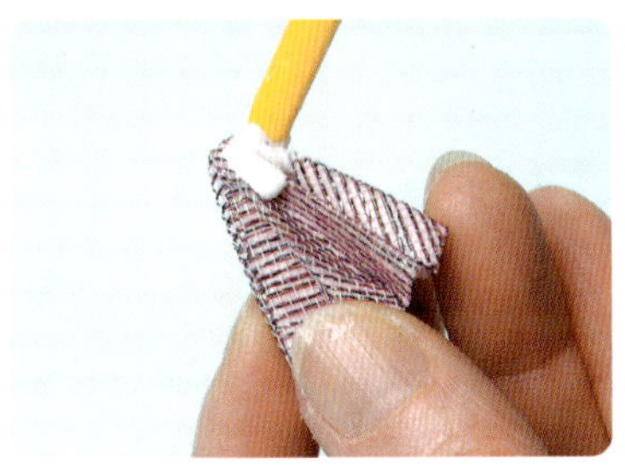

16 소매를 붙인다. 부속의 위 반 정도에 접착제를 바른다.

17 옷깃의 부속 중 하나에 소매를 끼워 넣는다(앞의 2개는 열고 반대쪽도. 위아래 단의 간격은 12mm 정도).

18 몸의 팔에 접착제를 발라 소매에 끼워 넣어 팔꿈치와 손끝을 살짝 구부린다.

19 모자를 만든다(51~54쪽 참조).

20 모자 안에 접착제를 듬뿍 짜넣어 씌운다.

21 꽃 장식을 붙인다. 옷깃 밑에 플라워 부속을, 드레스 주름에 조화를 접착제로 붙인다.

22 머리카락의 컬링이 풀리지 않도록 접착제를 톡톡 두드리듯이 발라 정돈한다(투명한 순간접착제를 사용. 마르면 투명해진다).

23 바구니를 만든다(16~17, 54~55쪽 참조).

24 인형 손에 바구니를 들게 하면 완성!

핸드백 만드는 법(상자)

복사용지로 상자를 만든 후 리본이나 테이프를 붙여 핸드백을 만듭니다.
뚜껑을 붙이거나 바구니 모양으로 자유롭게 응용해보세요.

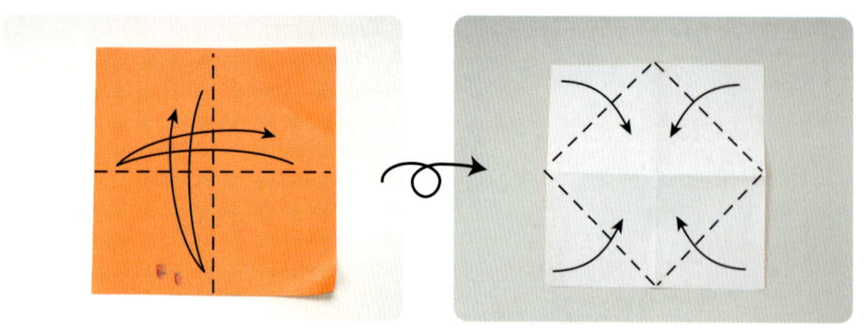

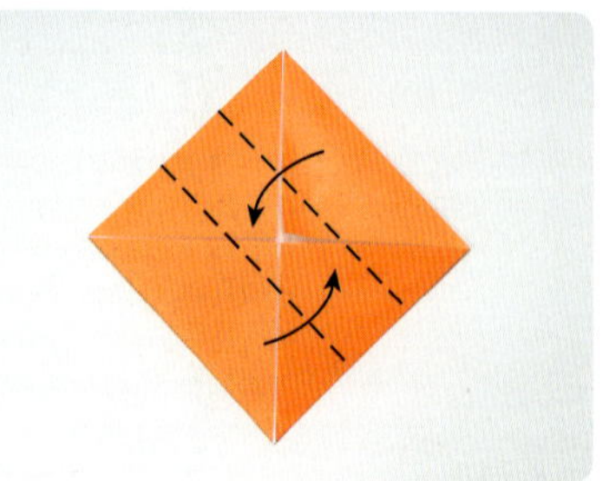

1 십자 접기로 접은선을 넣어 뒤집는다.

2 한가운데로 맞춰 접는다.

3 3등분으로 포개 접어 세로로 놓는다.

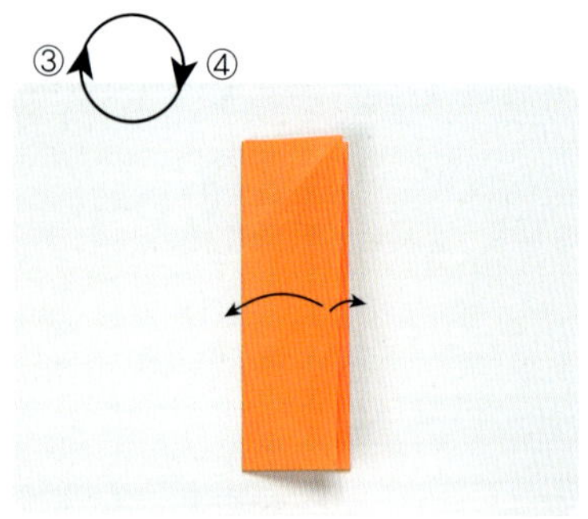

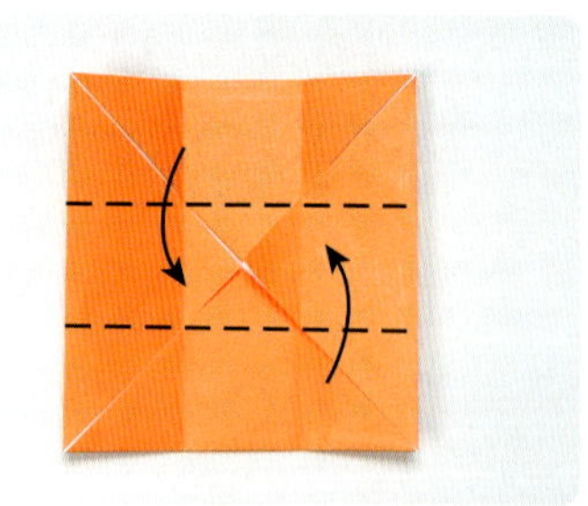

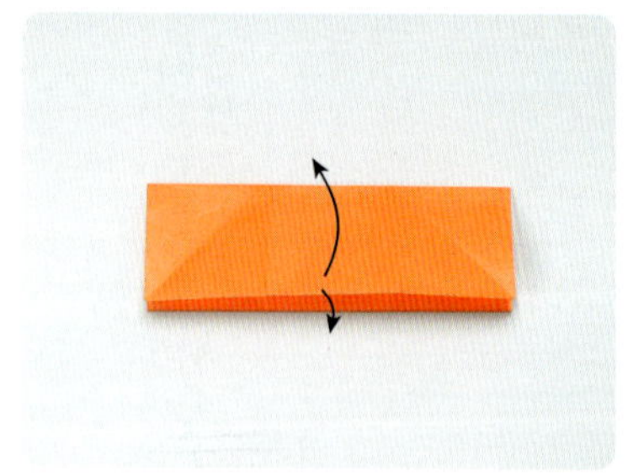

4 다시 펼친다.

5 위아래로도 3등분으로 포개 접는다.

6 한번 펼친다.

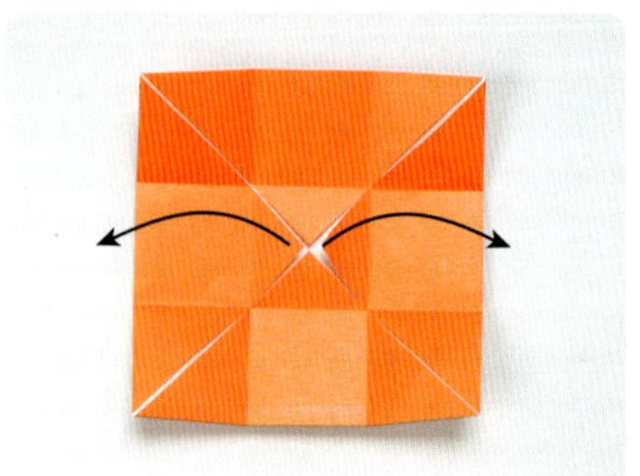

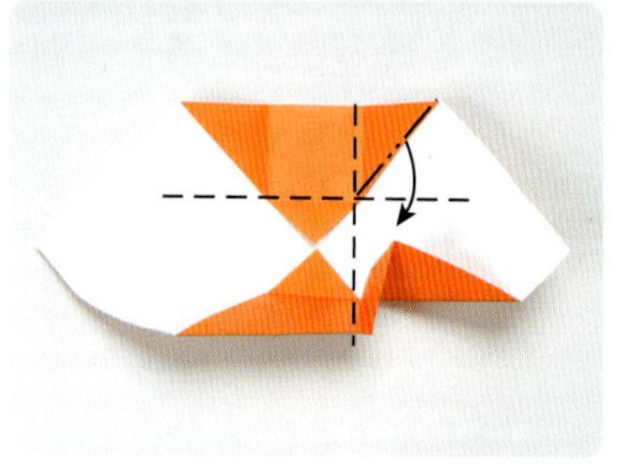

7 또 한번 펼친다.

8 모서리를 잡고 일으켜 세운다.

9 반대쪽도 똑같이 접는다.

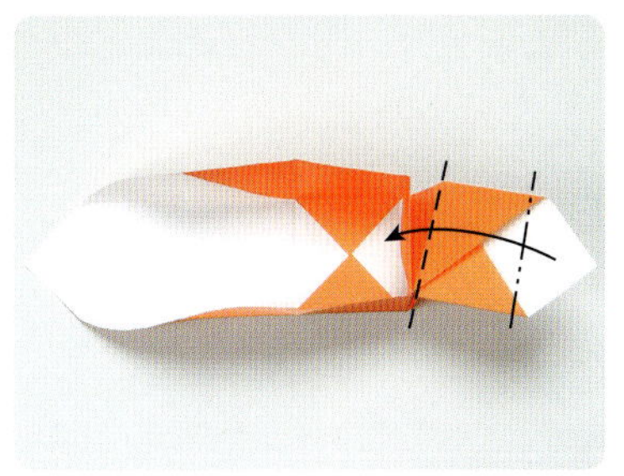 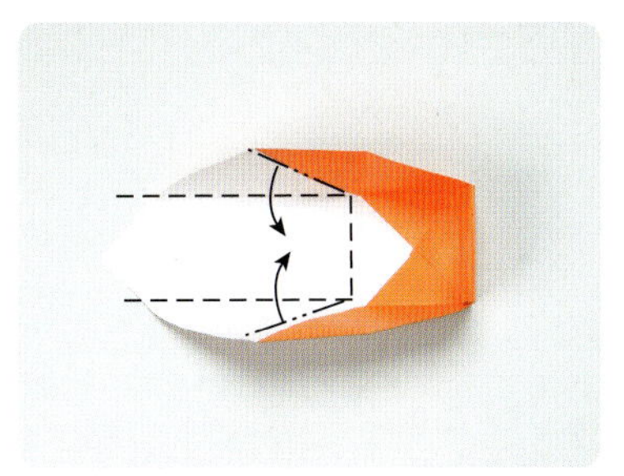 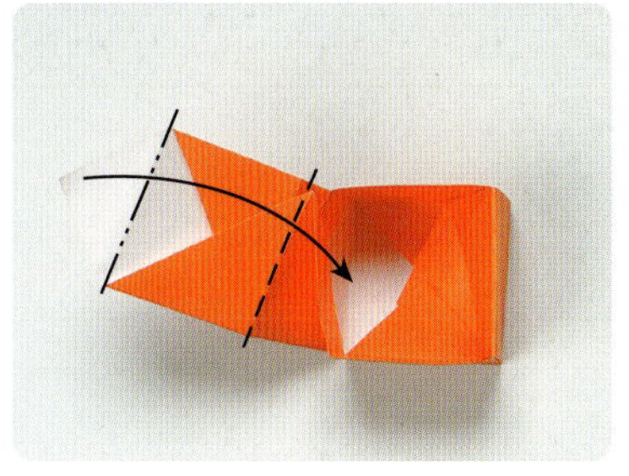

10 사진처럼 뒷부분을 세워 접어넣는다.

11 왼쪽도 똑같이 접는다.

12 접어넣는다.

13 완성. 여기에 리본을 붙여 마무리한다.

기본적인 리본 붙이는 법

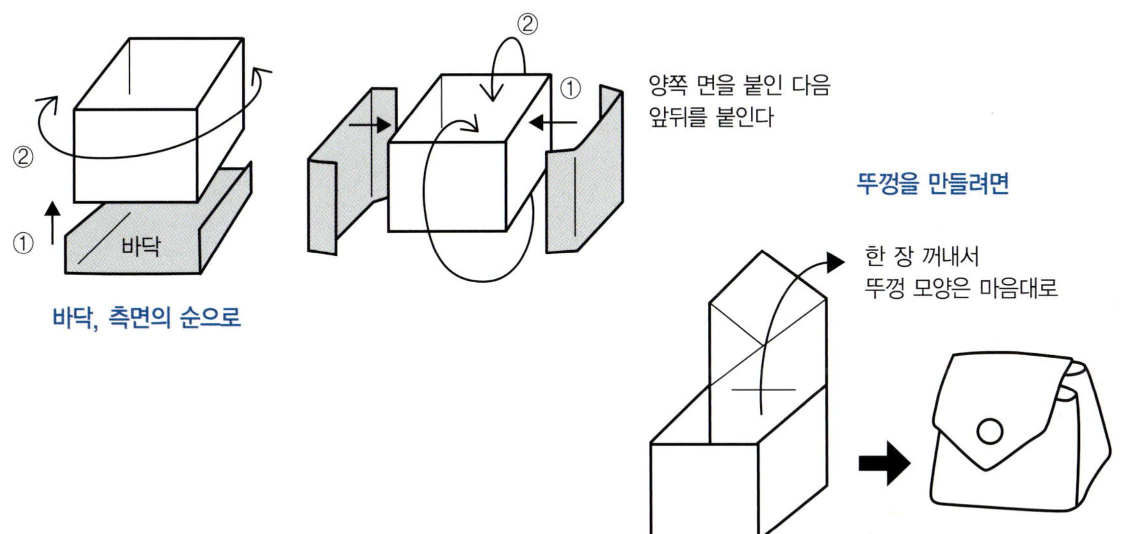

생화 포장에 사용되는 메쉬종이(망사종이)를 복사용지와 겹쳐 접어보았습니다.
큼직큼직한 망사가 마치 격자무늬의 원단처럼 멋진 드레스가 완성되었지요. 이 스타일에는 바구니가 잘 어울린답니다.

종이냅킨에 복사용지를 겹친 부속으로 만든 작품. 옷자락의 프릴을 더 많이 늘려 호화로운 느낌을 주는 드레스랍니다.
스탠드칼라로 묶은 리본이 악센트가 되었습니다.

크리스틴

가든파티에 초대 받았어요. 사이 좋은 공주님들과 나무 그늘에서 수다도 떨고,
귀여운 웃음소리가 바람을 타고 퍼져갑니다.

[재료] · 지정한 곳 외에는 다발접기

18cm 뿔 (복사용지. 흰색)	2장 2장 겹치기(토대)	인형 헤드(목제)	지름 2.4cm 1개
21cm 뿔 (종이냅킨)	4장 } 2장 겹치기 (스커트)	인형 헤어	약간
21cm 뿔 (포장지. 노랑)	4장	몰(중간 두께)	약 8cm×2개(팔)
15cm 뿔 (포장지. 노랑)	4장	대나무꽂이	15.5cm×1개
9cm 뿔 (포장지. 감색(곤색))	1장 } 2장 겹치기 (몸통)	플리츠리본	약 3cm 폭×약 30cm
9cm 뿔 (복사용지. 흰색)	1장	프릴리본	약 4cm 폭×약 14cm
4cm 뿔 (포장지. 감색)	1장 } 2장 겹치기 (목)	블레이드(섬유끈)	약 1cm 폭×약 15cm
4cm 뿔 (복사용지. 흰색)	1장	핸드백용 리본	약 2cm 폭×약 12cm
3.8cm 뿔 (포장지. 감색)	2장 } 2장 겹치기 (소매)	핸드백용 가는 코드	약간
3.8cm 뿔 (복사용지. 흰색)	2장	진주코드(목걸이)	약간
7.5cm 뿔 (복사용지. 흰색)	1장(핸드백용)	진주 구슬(귀걸이, 핸드백)	지름 4mm×3개
		진주테이프(가슴 장식)	지름 4mm×2개분
		플라워 부속(허리, 모자)	4개
		레이스 부속(핸드백)	1개

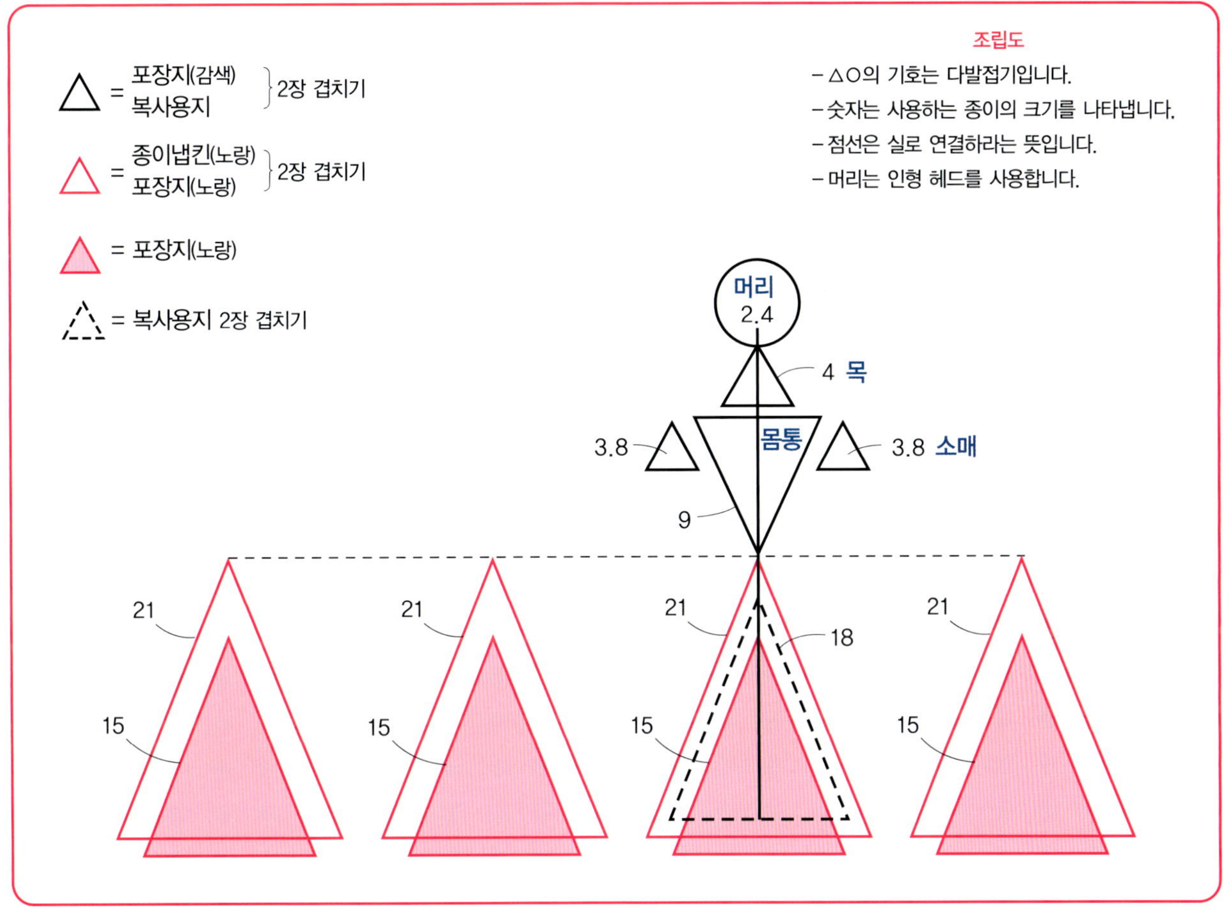

완성크기 폭 약 18.5cm **높이** 약 20cm

1 토대의 부속에 대나무꽂이를 끼운다.

2 대나무꽂이의 밑부분 몇 cm에 접착제를 바른다.

3 접은 다발의 중심(접은산)까지 대나무꽂이를 꾹 눌러 끼운다.

4 스커트를 만든다. 다발 4개를 무명실로 연결한다(접은 다발의 꼭대기에서 약 5mm의 위치에 바늘을 넣는다).

5 접은 다발이 찌그러지지 않을 만큼 실을 잡아당겨 묶는다.

6 토대 부분에 스커트를 씌워 길이를 확인한다.

7 토대 부분의 주름골에 접착제를 바른다.

8 토대 부분의 주름 하나를 두고 4군데에 접착제를 발랐으면 스커트의 주름산이 서로 맞물리도록 붙인다.

9 사진처럼 다발의 테두리를 잘 맞춘다.

10 몸통을 만든다. 미리 눈대중으로 구멍을 뚫어놓는다.

11 거꾸로 해서 토대의 대나무꽂이에 끼운다.

12 접착제를 바른다.

13 정면을 정한다. 스커트는 다발의 골, 몸통은 다발의 산 부분이다.

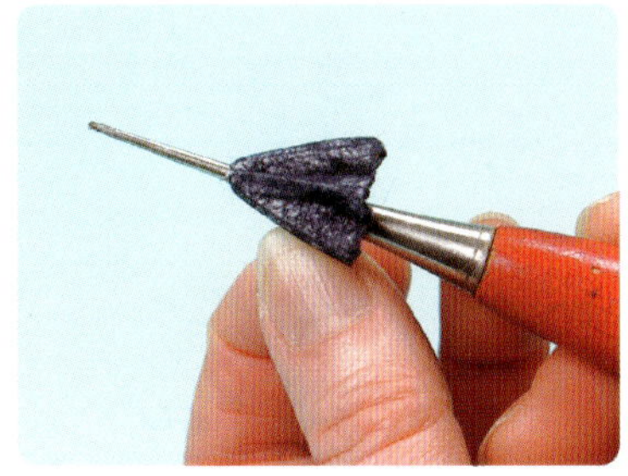

14 목을 만든다. 미리 눈대중으로 구멍을 뚫어놓는다.

15 접은 다발의 바닥에 접착제를 바른다.

16 토대의 대나무꽂이에 끼운다. 이때 사진처럼 접은 다발의 주름이 서로 맞물리도록 한다.

17 소매 부분의 한쪽 면에 접착제를 바른다.

18 몸통의 골에 소매를 붙인다. 잘 안 붙으면 집게로 고정시킨다.

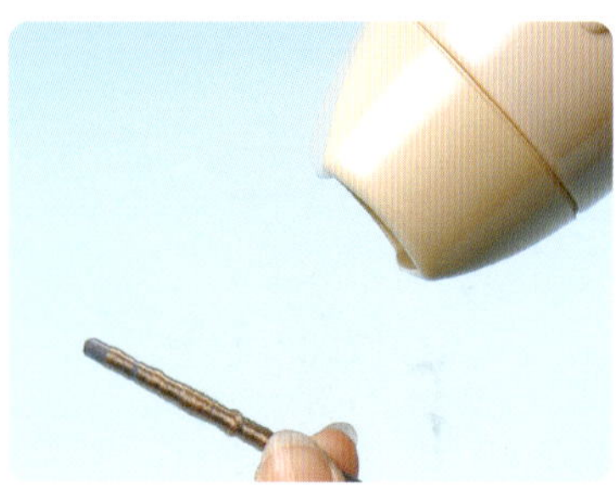

19 머리카락을 만든다. 지름 4mm 의 바늘에 인형 헤어를 돌돌 말 아 드라이어로 컬링한다(가느다란 컬링을 원할 때).

20 인형 헤어를 바늘에서 빼낸다(시 판되고 있는 그대로의 컬링도 좋 다). 인형 헤드도 준비한다.

21 머리를 붙인다. 목을 기울이고 싶은 경우는 대나무꽂이를 7mm 정도 남기고 잘라낸다.

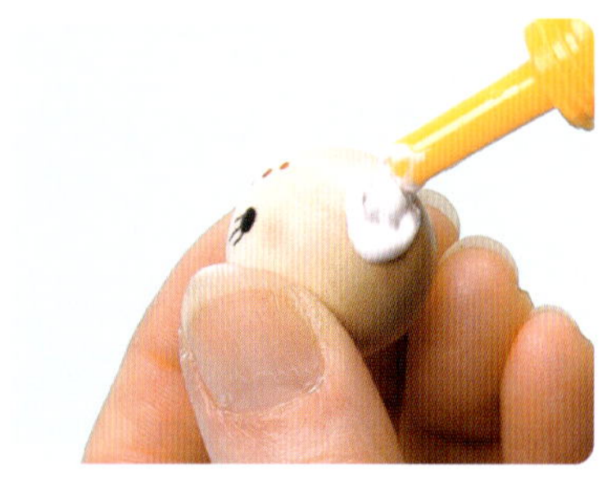

22 인형 헤드의 구멍에 접착제를 바른다.

23 목을 약간 기울여 고정시킨다.

24 목걸이(진주코드)를 이중으로 말 아 자른다. 길이는 균형을 봐가 면서 정한다.

25 목걸이는 뒤에서 양면테이프로 고정시킨다. 보통종이로 목을 만든 경우는 접착제로 목에 접착해도 상관없다.

26 스커트를 겹친다. 겹치는 부분 의 위 반 정도, 전체에 접착제를 바른다.

27 주름을 가능한 한 말끔하게 맞 붙여 겹쳐 살짝 나와 보일 정도 (약 4mm)로 고정시킨다.

28 4군데 모두 겹침 스커트를 끼운 모습.

29 머리에 양면테이프를 붙인다.

30 정수리와 뒷머리에 양면테이프를 겹치면서 붙인다.

31 머리 꼭대기로부터의 길이를 보면서 머리카락을 붙여나간다.

32 균형을 봐가면서 머리카락을 마무리한다. 겹쳐져서 양면테이프가 붙지 않으면 접착제를 발라 고정시킨다.

33 어깨에 두르는 블레이드에 접착제를 바른다.

34 어깨에 블레이드를 붙인다.

35 모자를 만든다. 프릴리본 4cm ×14cm(평평한 리본이라면 약 25cm)를 홈질해서 쭉 잡아당겨 둥그렇게 만든다.

36 플라워 부속을 중심에 꿰매 붙인다.

37 모자의 중심에 접착제를 듬뿍 발라 머리 위에 얹는다.

38 모자 앞쪽에 꽃 장식을 붙인다.

39 진주귀걸이(돔 형태)와 진주테이프 가슴 장식을 붙인다.

40 컬링이 풀리지 않도록 접착제를 콕콕 두드리듯 발라 머리카락을 정돈한다(마르면 투명해지는 투명순간접착제를 사용).

43 뒤는 스커트의 길이로 자르고 똑같이 접착제를 발라 끼워 고정시킨다.

41 플리츠리본을 허리에 걸어 다발 사이에 통과 시킨 후 길이를 정한다.

42 프릴의 끝 양면에 접착제를 바른다. 허리에서부터 다발 사이에 통과시켜 끼우고 집게로 고정시켜 둔다.

44 허리용 프릴은 이중으로 겹쳐 사용한다(가는 허리에 볼륨을 주기 위해).

45 접착제를 발라 허리에 두르고 앞 중심의 주름골에서 맞춰지도록 고정시킨다.

46 접착제로 플라워 부속을 앞 중심에 붙인다.

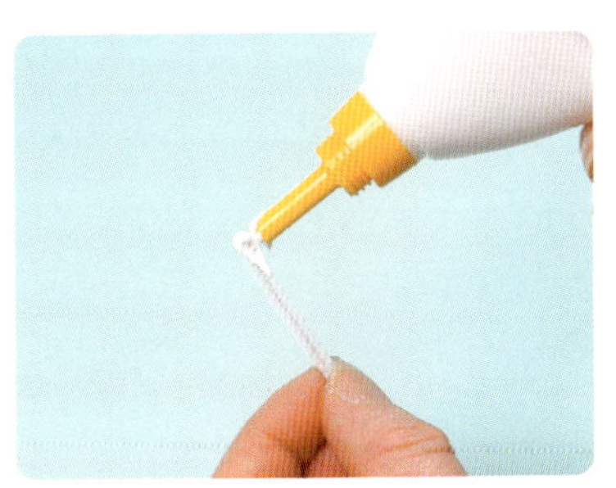

47 몸의 팔에 접착제를 바른다.

48 소매에 끼워 팔꿈치를 구부린다.

49 양쪽을 끼워넣고 손끝을 살짝 구부린다.

50 복사용지로 핸드백이 될 상자를 만든다(16~17쪽 참조).

51 안으로 접어넣은 1장을 꺼낸다.

52 양면테이프를 붙인다.

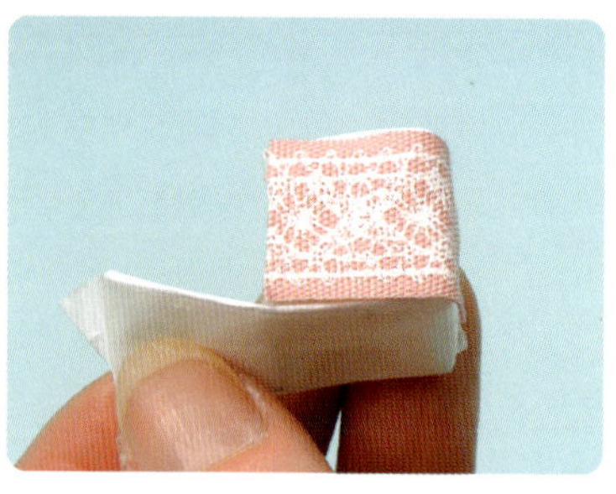

53 측면 2군데에 리본을 붙인다. 리본은 테두리에 바짝 맞춘다.

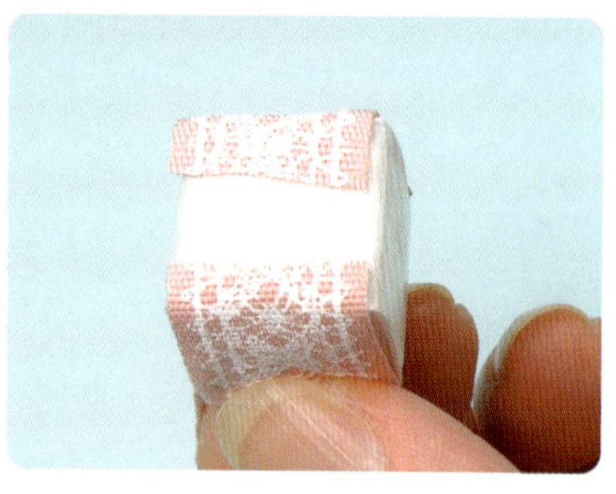

54 바닥은 모서리보다 조금 남는 듯하게 붙인다.

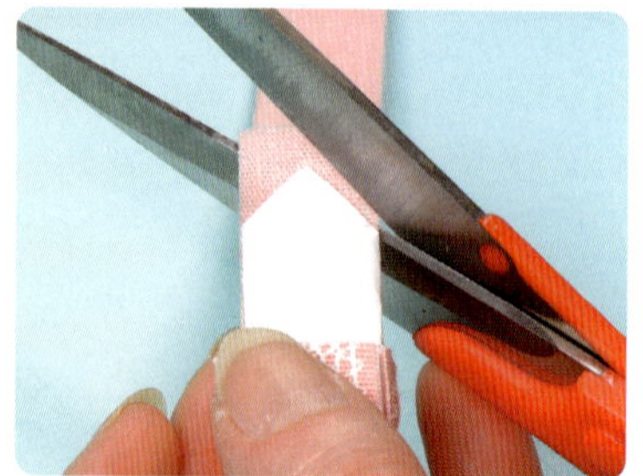

55 앞면에서 뚜껑 부분까지 빙 둘러 붙여 삼각형으로 자른다.

56 붙인 모습.

57 좌우 측면의 안쪽에 양면테이프를 이용해 손잡이(끈)를 붙인다.

58 핸드백 옆구리에 주름을 주어 살짝 접히게 하고 뚜껑을 씌워 양면테이프로 고정시킨다.

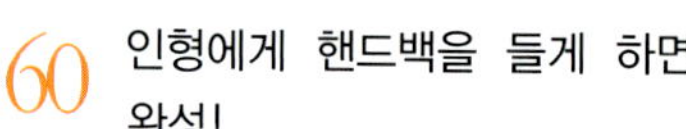

59 삼각 뚜껑 위에 장식 부속(레이스와 진주)을 붙인다.

60 인형에게 핸드백을 들게 하면 완성!

기품이 넘치는 로열블루의 드레스가 멋진 귀부인 인형입니다. 베일을 내린 모자가 우아한 인상을 줍니다.

요즘은 검정 바탕의 종이냅킨도 판매중입니다. 모노톤의 패션은 개성 있고 어른스러운 인상을 줍니다.

핑크색 물방울 무늬가 귀여운 작품입니다. 옷깃 언저리의 리본과 허리 장식에 연지색(검붉은자주)을 사용해 악센트를 줘봤습니다.

폭넓은 레이스에 개더를 주어 오버스
커트를 붙여보았습니다. 민들레색의
드레스가 더욱 부드러운 느낌을 주어
봄의 요정을 떠올리게 합니다.

연보라색의 꽃무늬가 상큼한 인형입
니다. 레이스의 끝단, 스캘럽 부분을
숄칼라처럼 어깨에 두른 아이디어가
돋보입니다.

캐롤라인

세련되고 멋쟁이인 공주님은 인기짱.
귀여운 미소와 즐거운 수다가 매력적인 캐롤라인입니다.

[재료] · 지정한 곳 외에는 다발접기

18cm 뿔 (복사용지. 흰색)	2장	2장 겹치기(토대)
15cm 뿔 (종이냅킨)	4장	2장 겹치기 (스커트)
15cm 뿔 (포장지. 흰색)	4장	
14cm 뿔 (종이냅킨)	4장	2장 겹치기 (스커트)
14cm 뿔 (포장지. 흰색)	4장	
11.5cm 뿔 (포장지. 흰색)	4장	
9cm 뿔 (종이냅킨)	8장	2장 겹치기 (스커트)
9cm 뿔 (포장지. 흰색)	9장	
9cm 뿔 (복사용지. 흰색)	1장	2장 겹치기 (몸통)
8cm 뿔 (종이냅킨)	4장	2장 겹치기 (스커트)
8cm 뿔 (포장지. 흰색)	4장	
7.5cm 뿔 (포장지. 빨강)	4장	
7cm 뿔 (포장지. 빨강)	4장	
7cm 뿔 (포장지. 흰색)	4장	
4cm 뿔 (포장지. 흰색)	1장	2장 겹치기 (목)
4cm 뿔 (복사용지. 흰색)	1장	
3.8cm 뿔 (포장지. 흰색)	2장	2장 겹치기 (소매)
3.8cm 뿔 (복사용지. 흰색)	2장	
7.5cm 뿔 (복사용지. 흰색)	1장(핸드백용)	

인형 헤드(목제)	지름 2.4cm 1개
인형 헤어	약간
몰(중간 두께)	약 8cm×2개(팔)
대나무꽂이	15.5cm×1개
레이스테이프	약 1.8cm 폭×약 180cm
리본(모자, 핸드백)	약 1.5cm 폭×약 65cm
핸드백용 가는 코드	약간
진주 구슬(귀걸이, 가슴 부분)	지름 4mm×5개
플라워 부속(가슴 부분)	3개
플라워 부속(핸드백용)	1개

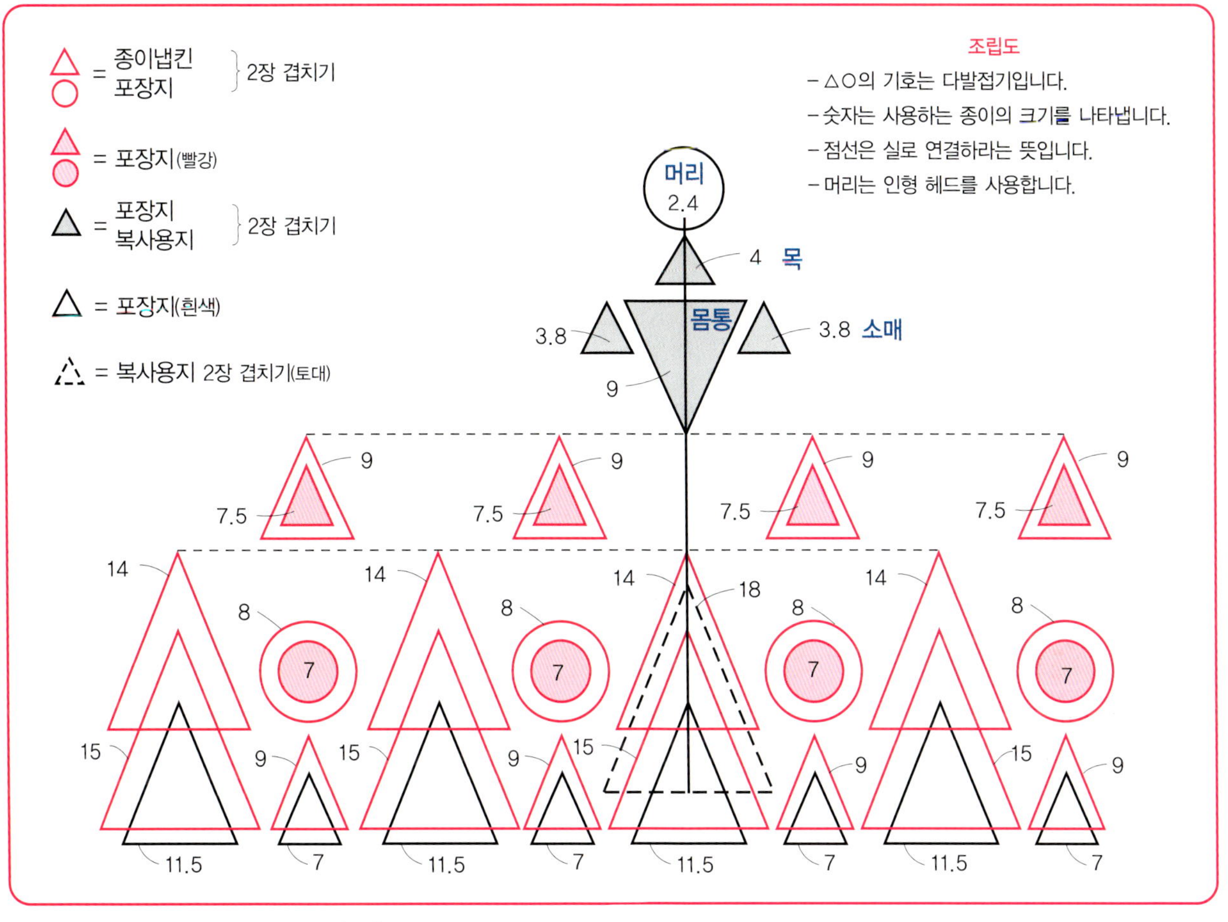

완성크기 폭 약 18cm 높이 약 18cm

19 똑같이 밑단 사이의 부분에도 겹치는 하얀 부속(7cm 뿔 사용)을 넣는다. 이때 겹침을 3mm 정도로 어긋나게 꺼내놓는다.

20 똑같이 윗단 사이의 부속에도 겹치는 빨간 부속(7cm 뿔 사용)을 넣는다. 이때 겹침은 옷자락과 딱 맞게 맞춘다.

21 허리 부분의 스커트를 만든다. 9cm 뿔로 접은 다발 4개를 무명실로 연결한다.

22 접은 다발이 찌그러지지 않을 정도로 실을 잡아당겨 묶는다.

23 겹쳐서 몸통의 대나무꽂이에 끼운다. 사이의 부속 위에 올려놓는다(접착칠은 하지 말 것).

24 허리 부분의 스커트에도 겹치는 빨간 부속(7.5cm 뿔 사용)을 넣는다. 이때 겹치기는 옷자락을 딱맞게 맞춘다.

25 미리 눈대중으로 구멍을 뚫어놓은 몸통의 부속을 끼우고 접착제를 바른다.

26 정면을 정하고 몸통을 고정시킨다. 스커트와 몸통 모두 큰 다발의 주름산이 정면이다.

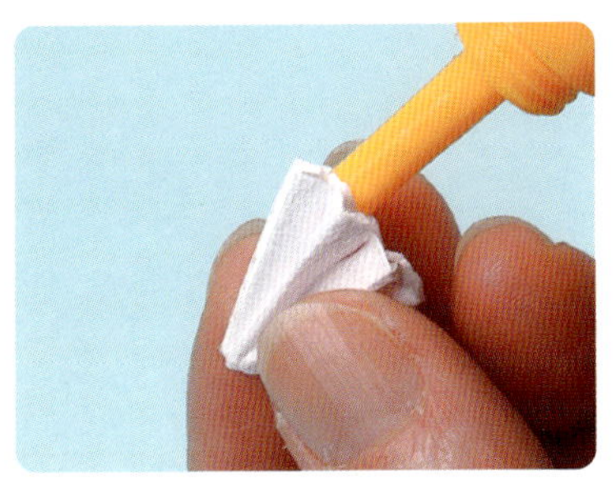

27 목을 만든다. 미리 눈대중으로 구멍을 뚫어, 접은 다발의 바닥에 접착제를 바른다.

28 토대의 대나무꽂이에 끼운다. 이때 다발의 주름이 서로 맞물리도록 한다.

29 소매 부분에 접착제를 발라 몸통의 골에 소매를 붙인다. 정면에 주름산 3개가 남는다. 잘 안 붙는 경우는 집게로 고정시킨다.

30 옷깃 장식을 붙인다. 몸통 다발의 테두리에 접착제를 바른다.

31 레이스테이프를 두르듯이 붙인다.

32 머리를 붙인다. 머리를 기울이고 싶은 경우는 대나무꽂이를 7mm 정도 남기고 잘라낸다.

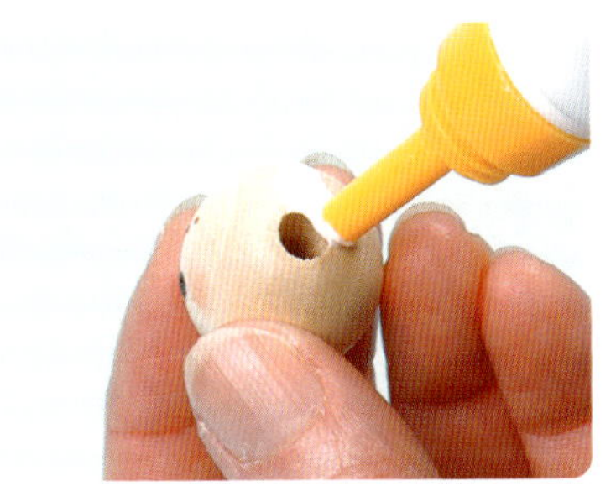

33 머리의 구멍에 접착제를 바른다.

34 목을 살짝 기울여 고정시킨다.

35 머리에 양면테이프를 붙인다. 정수리와 뒷머리 부분에 양면테이프를 겹쳐가면서 붙인다.

36 정수리부터의 길이를 정해 머리카락을 붙여나간다.

37 균형을 봐가면서 머리카락을 정돈한다. 겹쳐져 양면테이프가 붙지 않으면 접착제를 발라 고정시킨다.

38 모자를 만든다. 리본 폭 1.5cm ×2.5cm, 폭 1.5cm×19cm를 홈질해 잡아당겨 원을 만들고 2장 겹친 것과, 21cm를 리본으로 묶은 것을 준비한다.

39 겹쳐서 실로 꿰매 고정시킨다.

40 모자의 중심에 접착제를 듬뿍 발라 머리에 올려놓는다.

41 머리카락의 컬링이 풀리지 않도록 모양을 정돈하고 접착제를 콕콕 찍듯이 바른다(투명한 접착제를 사용, 마르면 투명해지므로 OK).

42 목과 몸통의 틈새를 메우듯이 조화를 붙인다(작은 꽃에 구슬을 단 것을 준비해 보았다).

43 접은 다발의 주름에 올려놓는 듯한 느낌으로 조화 3개를 접착제로 고정시킨다.

44 허리 장식을 만든다. 폭 1.8cm ×57cm짜리 레이스를 홈질해서 잡아당긴 것을 준비한다.

45 몸통의 허리 부분에 접착제를 바른다.

46 홈질한 레이스를 붙인다. 앞에서 부터 둘러 뒤에서 겹친다.

47 폭 1.8cm×25cm짜리 레이스 를 리본 모양으로 묶어 뒷중심 에서 접착제를 이용해 붙인다.

48 드레스의 프릴 장식을 만든다. 폭 1.8cm×10cm짜리 레이스를 홈질해서 3cm로 잡아당긴 것을 8개 준비한다.

49 홈질한 부분의 양면에 접착제를 바른다.

50 드레스의 옷자락 쪽, 사이에 끼 워진 작은 부속 틈새에 프릴 장 식을 접착제로 바른다.

51 프릴 장식을 끼운 모습.

52 중간 크기 몸의 팔에 접착제를 발라 소매에 끼워 넣고 팔꿈치와 손끝을 살짝 구부린다.

53 진주귀걸이(돔 형태)를 붙인다.

54 핸드백을 만든다(16~17쪽 참조). 리본을 붙이는 순서는 그림을 참고할 것.

55 리본의 틈새가 생긴 경우는 레이스테이프 등을 장식으로 붙이면 된다.

56 손잡이(끈)를 달고 장식을 붙여 완성한다.

57 인형에 핸드백을 들게 하면 완성.

흰색을 기본으로 한, 은은한 핑크 꽃무늬 스커트가 고급스러운 드레스입니다. 전체를 하얀 이미지로 통일하기
위해 백장미나 레이스로 장식하고 빨강이나 보라 같은 포인트 컬러를 넣어 상큼한 사랑스러움을 표현했습니다.

허리 윗부분을 흰색으로 코디해 스커트와 대조를 이루게 한, 기본에 가까운 타입입니다.
허리와 모자에 진홍색을 사용하고 귀걸이도 같은 색으로 코디했습니다.

빨강과 검정이 조화로운 정열적인 드
레스는 양산을 코디해서 더욱 성숙해
보입니다. 악센트 컬러로 골드를 배합
한 것도 매혹적이지요.

아랫단의 스커트를 흰색으로 통일, 프
릴의 볼륨을 강조한 스타일. 팔 부분
의 장미꽃 부속이 화사함을 더해주고
있습니다.

빅토리아

유달리 아름다운 자태가 시선을 사로잡는 빅토리아.
수줍음 잘 타고 온화한 성격의 신비한 매력을 가진 아가씨입니다.

[재료] · 지정한 곳 외에는 다발접기

18cm 뿔 (복사용지. 흰색)	2장 2장 겹치기(토대)	인형 헤드(목제)	지름 2.4cm 1개
15cm 뿔 (종이냅킨)	4장 ㅏ 2장 겹치기	인형 헤어	약간
15cm 뿔 (포장지. 분홍)	4장 」 (스커트)	몰(중간 두께)	약 8cm×2개(팔)
14cm 뿔 (종이냅킨)	4장 ㅏ 2장 겹치기	대나무꽂이	15.5cm×1개
14cm 뿔 (포장지. 분홍)	4장 」 (스커트)	프릴리본	약 4cm 폭×약 55cm
11.5cm 뿔 (포장지. 분홍)	4장	레이스테이프	약 1.5cm 폭×약 15cm
9cm 뿔 (종이냅킨)	1장 ㅏ 2장 겹치기	플리츠리본(모자용)	약 3cm 폭×약 25cm
9cm 뿔 (복사용지. 흰색)	1장 」 (몸통)	블레이드(모자용)	약 1cm 폭×약 30cm
8cm 뿔 (종이냅킨)	8장 ㅏ 2장 겹치기	화학 섬유 레이스(모자용)	약 1.3cm 폭×약 20cm
8cm 뿔 (포장지. 분홍)	8장 」 (스커트)	새틴리본(모자용)	약 0.7cm 폭×약 30cm
6cm 뿔 (종이냅킨)	4장 ㅏ 4개만	진주 구슬(모자용)	지름 6mm×3개
6cm 뿔 (포장지. 분홍)	8장 」 2장 겹치기	라피네타이프끈(우아한 끈)(바구니용)	약 30cm
4cm 뿔 (종이냅킨)	1장 ㅏ 2장 겹치기	면레이스테이프(바구니용)	약 9cm
4cm 뿔 (복사용지. 흰색)	1장 」 (목)	페프(아트플라워꽃심)	약간
3.8cm 뿔 (종이냅킨)	2장 ㅏ 2장 겹치기	리본 부속(허리용)	1개
3.8cm 뿔 (복사용지. 흰색)	2장 」 (소매)	플라워 부속(모자용)	1개
7.5cm 뿔 (복사용지. 흰색)	1장(핸드백용)	플라워 부속(조화)	약간
10cm×20cm(복사용지. 흰색)	1장(모자용)		
10cm×20cm(포장지. 흰색)	1장(모자용)		
10cm×20cm(종이냅킨)	1장(모자용)		

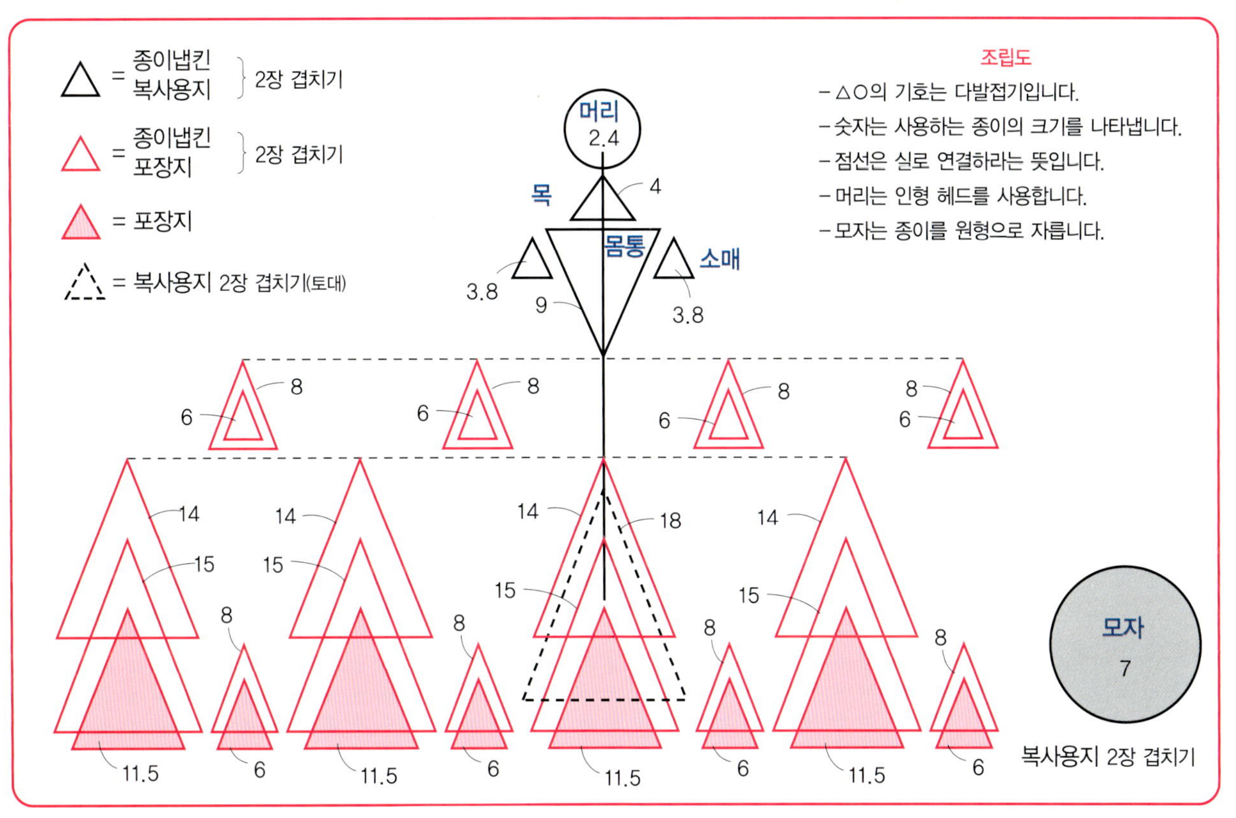

완성크기 폭 약 17cm 높이 약 18.5cm

1 토대의 부속에 대나무꽂이를 끼운다(대나무꽂이의 밑부분 몇 cm에 접착제를 바르고 다발의 접은산까지 대나무꽂이를 끼워 넣는다).

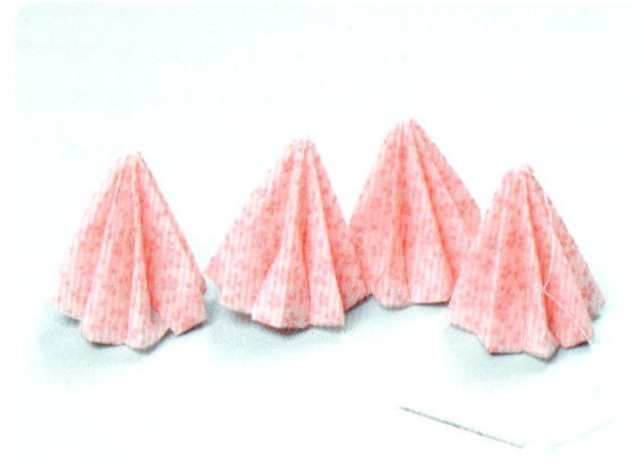

2 14cm 뿔로 접은 다발 4개를 무명실로 연결한다(다발의 꼭대기에서부터 약 5mm의 위치에 바늘을 넣는다).

3 접은 다발이 찌그러지지 않을 정도로 실을 당겨 묶는다.

4 토대의 부속에 스커트를 씌운다.

5 토대 부속의 주름골에 접착제를 바른다.

6 토대 부속의 주름 중 하나를 놔두고 4군데에 접착제를 발랐으면 스커트의 주름산을 서로 맞물리도록 붙인다.

7 다시 스커트 부속의 끝에 접착제를 바르고 이웃끼리 만나는 부분을 서로 맞물리게 해서 4개의 부속을 맞춰붙인다.

8 집게로 단단히 고정시킨다.

9 프릴에 양면테이프를 붙인다(약 45cm 정도 준비).

10 스커트의 옷자락 안쪽에 프릴을 붙인다(연결 부분은 무리없이 건너뛴다).

11 프릴을 붙인 모습. 처음과 끝은 조금 겹쳐서 붙인다.

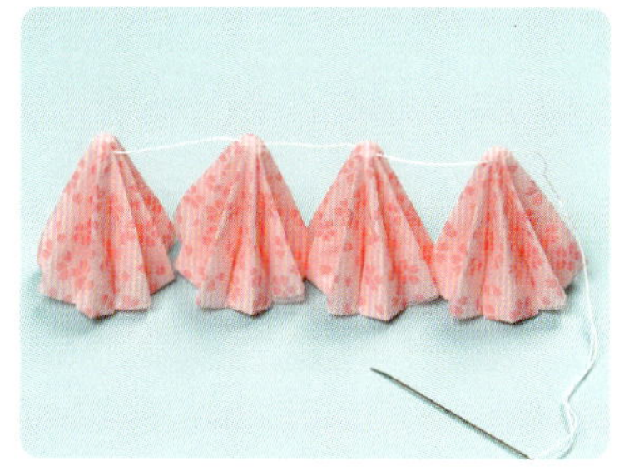

12 오버스커트를 만든다. 8cm 뿔로 접은 다발 4개를 무명실로 연결한다.

13 접은 다발이 찌그러지지 않을 정도로 실을 잡아당겨 묶는다.

14 스커트의 부속 사이에 올려놓는 느낌으로 토대에 덮어씌운다.

15 스커트를 겹친다. 15cm 뿔로 접은 다발의 위 반 정도, 전체적으로 접착제를 바른다.

16 주름산을 가능한 한 제대로 맞춰 겹쳐 4mm 정도로 꺼내어 고정시킨다.

17 4군데 모두 끼워 넣은 모습. 주름산을 가능한 한 제대로 맞춰 겹쳐 4mm 정도 꺼내어 고정시킨다.

18 안쪽에 부속을 끼워 넣는다. 8cm 뿔을 사용해 접은 다발을 토대의 주름에 연결시킨다.

19 접착제를 발라 4군데 끼워 넣은 모습.

20 겹쳐지는 스커트와 토대 부속의 주름을 접착제로 고정시킨다.

21 4군데 모두 접착제를 발라 집게로 고정시킨 모습.

22 몸통을 만든다. 미리 눈대중으로 구멍을 뚫어 토대의 대나무 꽂이에 끼워 접착제를 바른다.

23 정면을 몸통과 스커트의 주름산으로 정해 몸통을 붙인다.

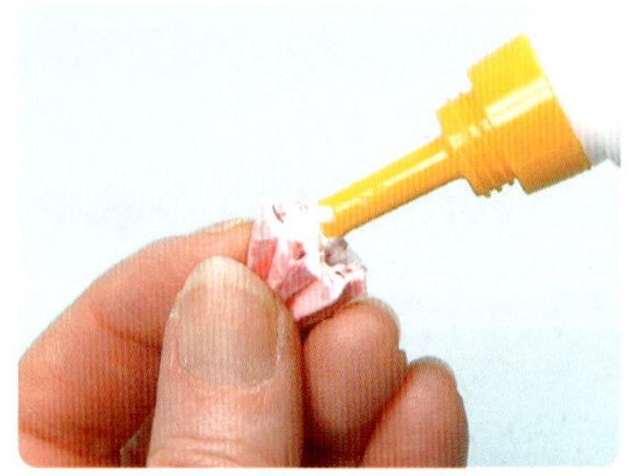

24 목을 만든다. 미리 눈대중으로 구멍을 뚫어 다발의 바닥에 접착제를 바른다.

25 토대의 대나무꽂이에 목을 끼운다. 이때 다발의 주름이 서로 맞물리도록 한다.

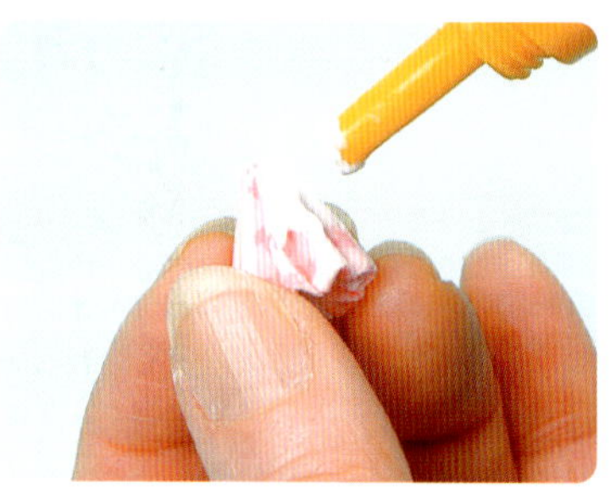

26 소매 부속에 접착제를 바른다.

28 11.5cm 뿔로 접은 부속의 위 반 부분, 전체적으로 접착제를 발라 스커트의 부속에 끼워 넣는다.

29 4개의 스커트에 겹침 부속을 넣은 모습.

27 몸통의 골에 소매를 붙인다. 잘 안 붙는 경우는 집게로 고정시킨다.

30 6cm 뿔로 접은 부속의 위 반 부분에 전체적으로 접착제를 발라 뒤쪽부터 겹침 스커트 안에 끼워 넣는다.

31 4군데에 겹침 부속을 넣은 모습.

32 겹침 부속의 옷자락을 정돈해 오버스커트에 끼워 넣는다. 6cm 뿔 2장을 겹쳐서 접은 다발의 위 반 부분, 전체적으로 접착제를 발라 끼워 넣는다.

33 4개의 오버스커트에 겹침 부속을 넣은 모습.

34 머리를 붙인다. 목을 기울이고 싶은 경우는 대나무꽂이를 7mm 정도 남기고 잘라낸다.

35 인형 헤드의 구멍에 접착제를 바르고 목을 기울여 고정시킨다.

36 옷깃 장식의 테이프를 붙이기 위해 몸통 부속의 테두리에 접착제를 바른다.

37 옷깃 장식의 테이프(약 15cm)를 빙 둘러 붙인다.

38 프릴리본을 허리에 한바퀴 돌려 길이를 정하고 양면테이프를 붙여 몸통에 두른 후 뒤에서 겹친다.

39 리본 부속에 접착제를 발라 앞 중심에 붙인다.

40 정수리와 뒷머리에 양면테이프를 겹쳐가면서 붙인다.

41 정수리부터의 길이를 정해 머리카락을 붙여나간다.

42 균형을 봐가면서 머리카락을 정돈한다. 겹쳐져서 양면테이프가 잘 붙지 않으면 접착제를 발라 고정시킨다.

모자 만드는 법

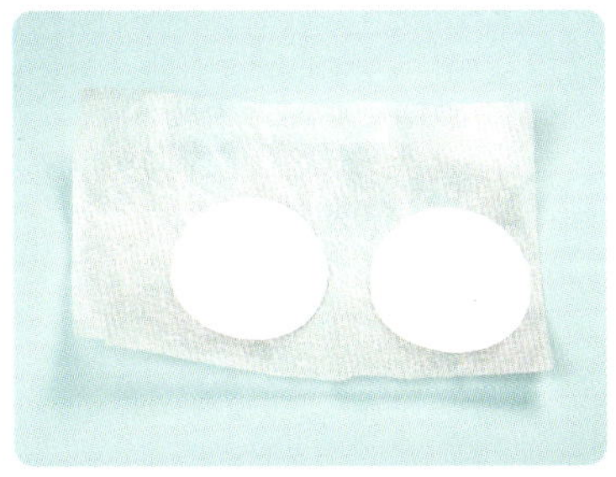

43 모자(챙)를 만든다. 원형으로 자른 심(복사용지)을 무늬 없는 포장지에 붙인다(2장).

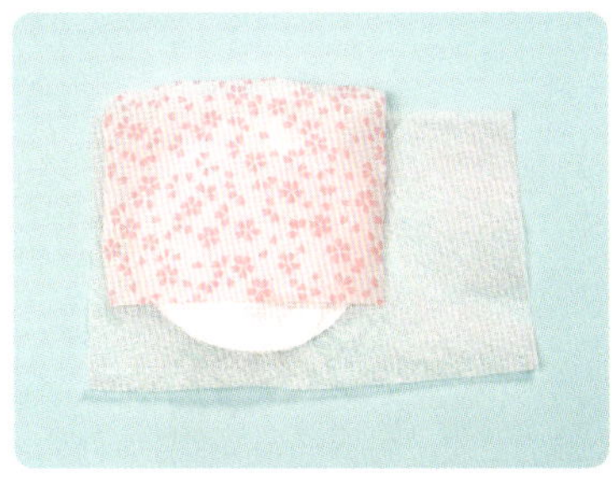

44 한쪽에는 드레스와 똑같은 종이를 덧붙인다.

45 심과 똑같은 크기로 둥글게 잘랐으면 접착제로 심끼리 붙인다. 이때 둘레를 폭 1cm로 남겨둔다.

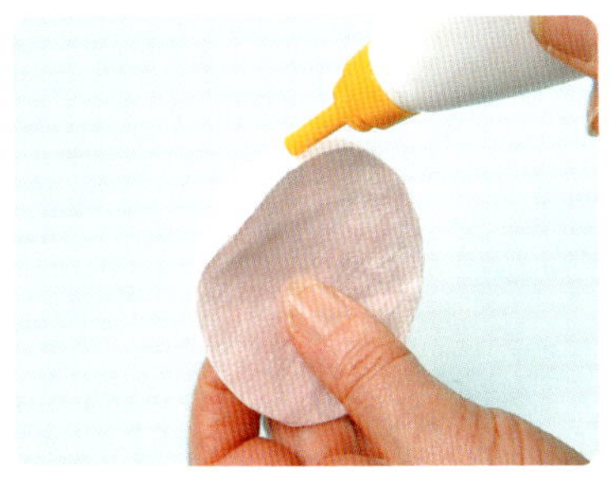

46 모자의 테두리를 젖혀 양쪽에 접착제를 바른다.

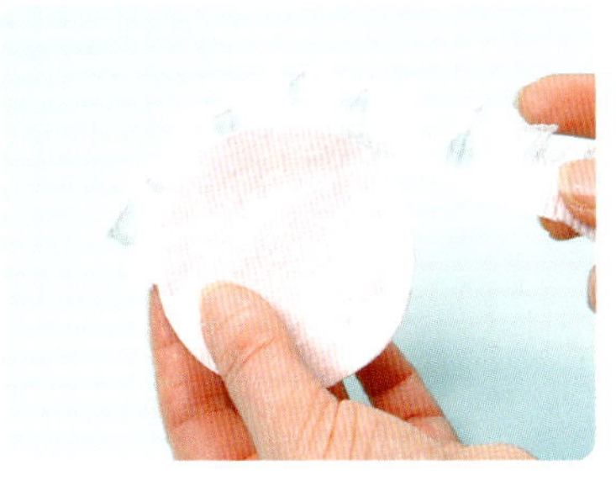

47 접착제가 아직 덜 말랐을 때 레이스의 프릴을 끼운다.

48 프릴을 한바퀴 둘러 끼운 모습.

49 모자의 안쪽 중심에 머리를 올려놓고 연필로 머리둘레보다 1~2mm 큰 원을 희미하게 그린다. .

50 원을 예쁘게 그린다.

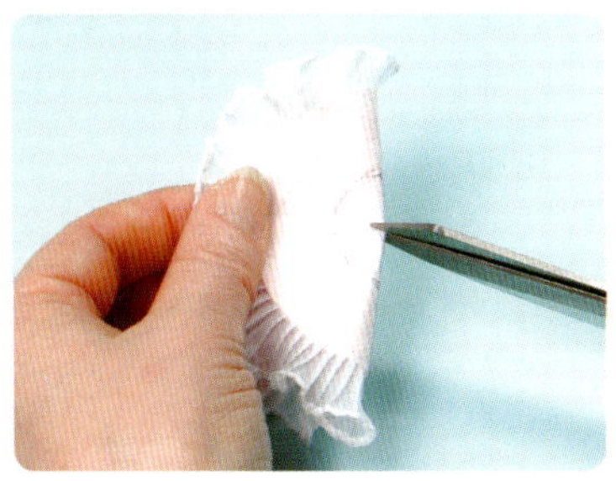

51 원의 중심에 가위집을 넣는다.

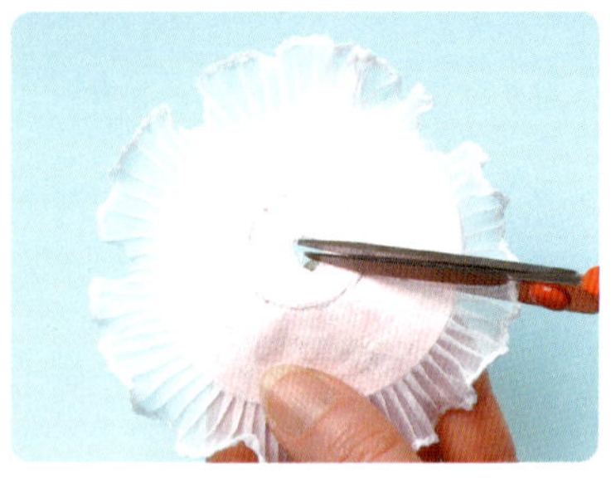

52 작은 원형을 잘라 빼낸다(지름 약 5mm).

53 작은 원형을 잘라 빼냈으면 사진처럼 부채꼴 모양의 가위집을 넣는다.

54 선을 따라 바깥쪽으로 접어 구부린다(모자챙).

55 모자의 머리 부분을 만든다. 심이 되는 복사용지에 원형을 베껴 그린다. 2장을 서로 붙여 심을 만든다.

56 머리 들어가는 부분의 심 중 풀칠할 부분을 7mm 정도 남기고 잘라냈으면 무늬 없는 종이와 무늬가 들어간 종이를 2장 겹쳐 붙인다.

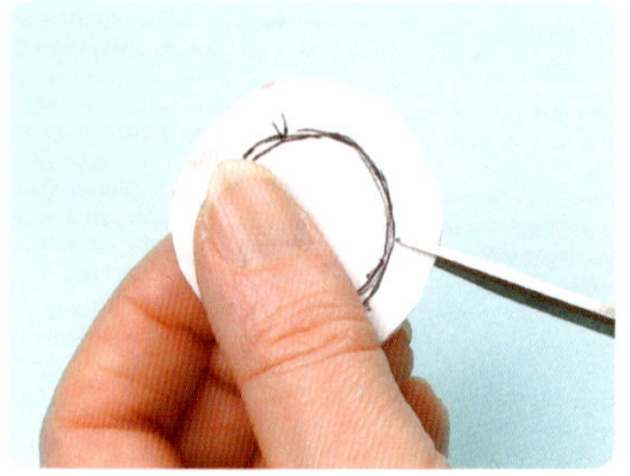

57 둥글게 잘라 빼내어 사진처럼 부채꼴 모양으로 가위집을 넣는다.

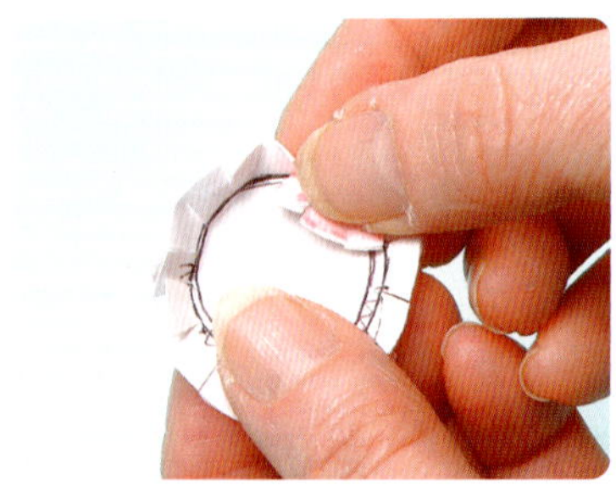

58 그려놓은 원을 따라 사진처럼 접어 구부린다.

59 머리가 들어가는 바깥쪽에 접착제를 바른다.

60 머리가 들어가는 곳을 모자의 안쪽에서부터 밀어 넣는다.

61 챙의 풀칠하는 부분과 머리 들어가는 곳의 풀칠하는 부분이 딱 맞는 상태.

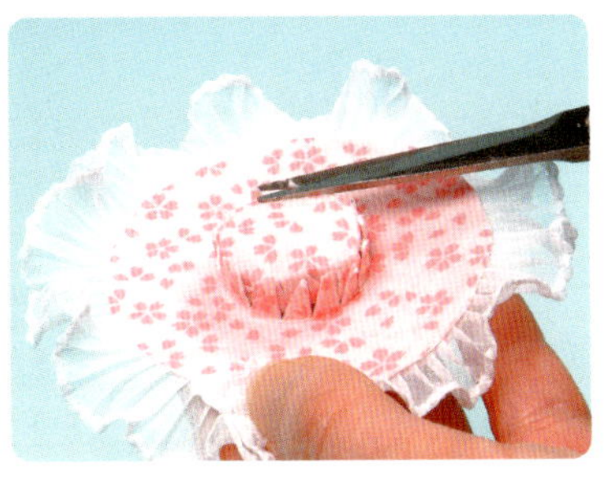

62 튀어나온 챙의 풀칠 부분은 잘라낸다.

63 챙의 테두리에 접착제를 발라 블레이드를 붙인다.

64 머리 부분의 원둘레에 접착제를 바른다.

65 머리 부분의 원둘레에도 블레이드를 두른다.

66 머리 부분의 원둘레에 블레이드를 둘렀다.

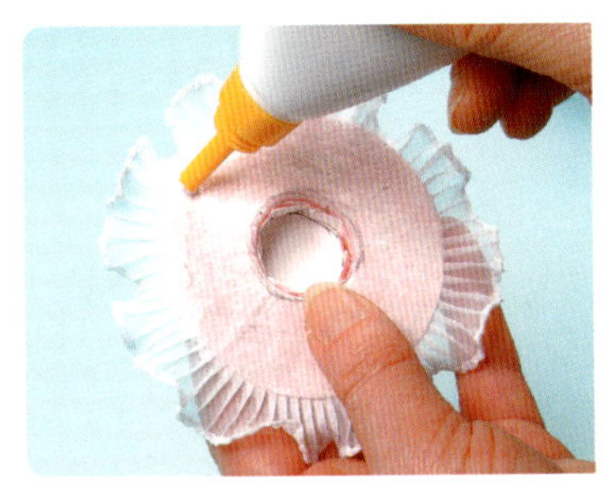

67 모자의 안쪽 테두리에 접착제를 바른다.

68 모자의 안쪽에도 장식테이프(화학 섬유 레이스)를 붙인다.

69 장식테이프(화학 섬유 레이스)를 한바퀴 돌려붙였다.

70 모자의 뒷부분에 플라워 부속을 붙였다.

71 챙의 앞 중심에 리본을 고정시 키고 구슬을 붙인다.

72 모자 안에 접착제를 넣어 덮어 씌운다.

73 리본을 턱 아래에 묶고 모양을 정돈해 자른다.

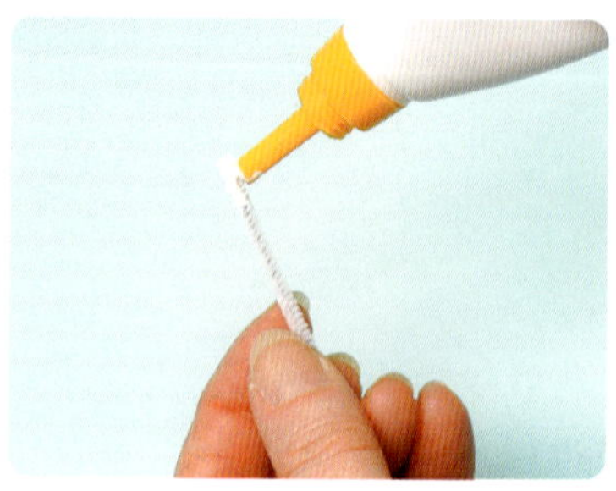

74 중간몰의 팔에 접착제를 바른다.

75 소매에 끼워 넣어 팔꿈치와 손 끝을 살짝 구부린다.

76 오버스커트에 장식조화를 붙이 고 허리의 스커트에 페프(꽃심) 를 끼워 넣는다.

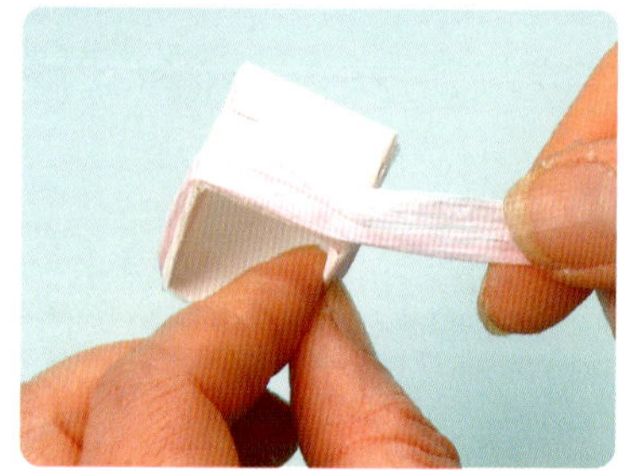

77 바구니를 만든다. 색종이상자 (16~17쪽 참조)에 양면테이프를 붙여 라피네 타입의 끈을 위에서부터 두른다.

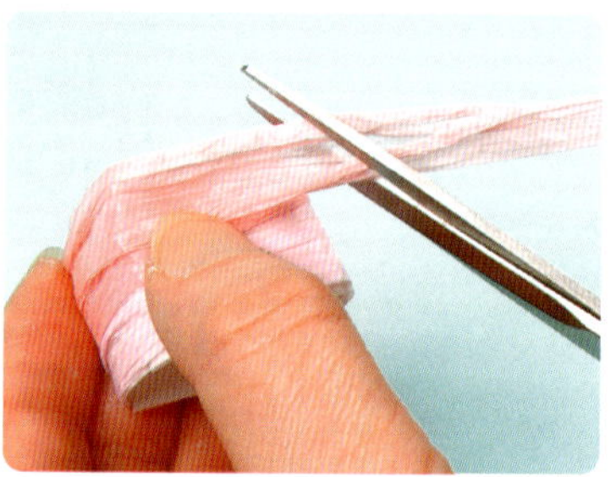

78 돌돌 말아 측면이 다 감아졌으 면 잘라 접착제로 고정시킨다.

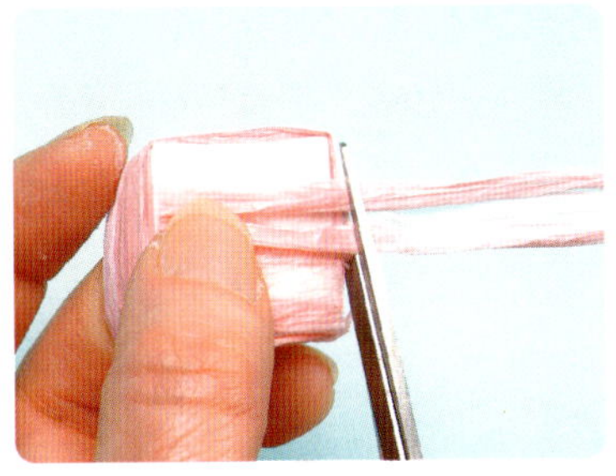

79 바닥도 라피네 타입의 끈을 붙여 끝에 맞춰 자른다.

80 테두리에 접착제를 바른다.

81 면레이스테이프를 붙인다.

82 바구니 안쪽에 접착제를 바른다.

83 손잡이(라피네 타입의 끈)를 붙인다.

84 조화를 꽂꽂이한다.

85 바구니를 들게 하면 완성!

뒷모습

크림색 드레스는 오건디리본(반투명 얇은 리본)을 넉넉히 사용해, 종이라고는 생각할 수 없는 소프트한 느낌을
주며 흰장미가 악센트가 된 귀여운 작품입니다.

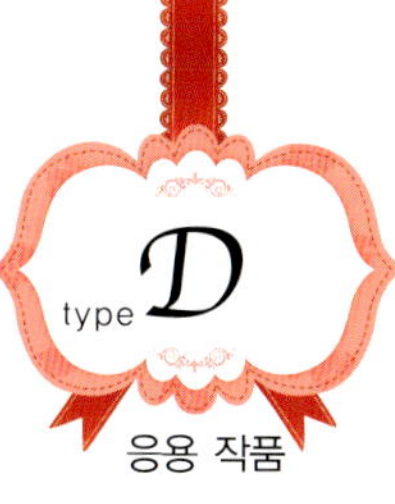

스커트단에 붙인 레이스, 면 소재의 바구니, 보닛 타입의 모자 등으로 사랑스러움
을 가득 담은 신선한 매력의 인형입니다.

윗단 스커트 부속 4개가 연
결되어 티어드를 강조한 것
이 이 작품의 특징입니다. 상
쾌한 블루드레스에는 진주
구슬 코드를 이어붙여 고급
스러운 느낌을 연출했습니다.

수잔

멋쟁이 수잔은 모두의 귀여운 아이돌입니다.
노래하는 듯한 수다와 천사같은 미소가 멋지답니다.

[재료] · 지정한 곳 외에는 다발접기

15cm 뿔 (복사용지. 흰색)	2장 2장 겹치기(토대)	인형 헤드(목제)	지름 2.4cm 1개
15cm 뿔 (더블크레이프지)	3장(스커트)	인형 헤어	약간
11.5cm 뿔 (포장지. 분홍)	3장(스커트)	몰(중간 두께)	약 7.5cm×2개(팔)
7.5cm 뿔 (더블크레이프지)	7장 ⎫ 1개만 2장 겹치기	대나무꽂이	15.5cm×1개
7.5cm 뿔 (복사용지. 흰종이)	1장 ⎭ (몸통)	레이스테이프(모자용)	약 3cm 폭×약 8cm
7cm 뿔 (더블크레이프지)	18장	레이스테이프(모자용)	약 4cm 폭×약 7cm
7cm 뿔 (포장지. 분홍)	19장	블레이드(허리, 가슴 부분)	약 1cm 폭×약 22cm
6cm 뿔 (포장지. 분홍)	8장	핸드백용 리본	약 1.7cm 폭×약 12cm
3.8cm 뿔 (더블크레이프지)	1장 ⎫ 2장 겹치기	핸드백용 가는 코드	약간
3.8cm 뿔 (복사용지. 흰종이)	1장 ⎭ (목)	플라워 부속(허리, 모자, 핸드백)	3개
3.5cm 뿔 (더블크레이프지)	2장 ⎫ 2장 겹치기	플라워 부속(조화)	약간
3.5cm 뿔 (복사용지. 흰종이)	2장 ⎭ (소매)		
7cm 뿔 (복사용지. 흰색)	1장(핸드백용)		

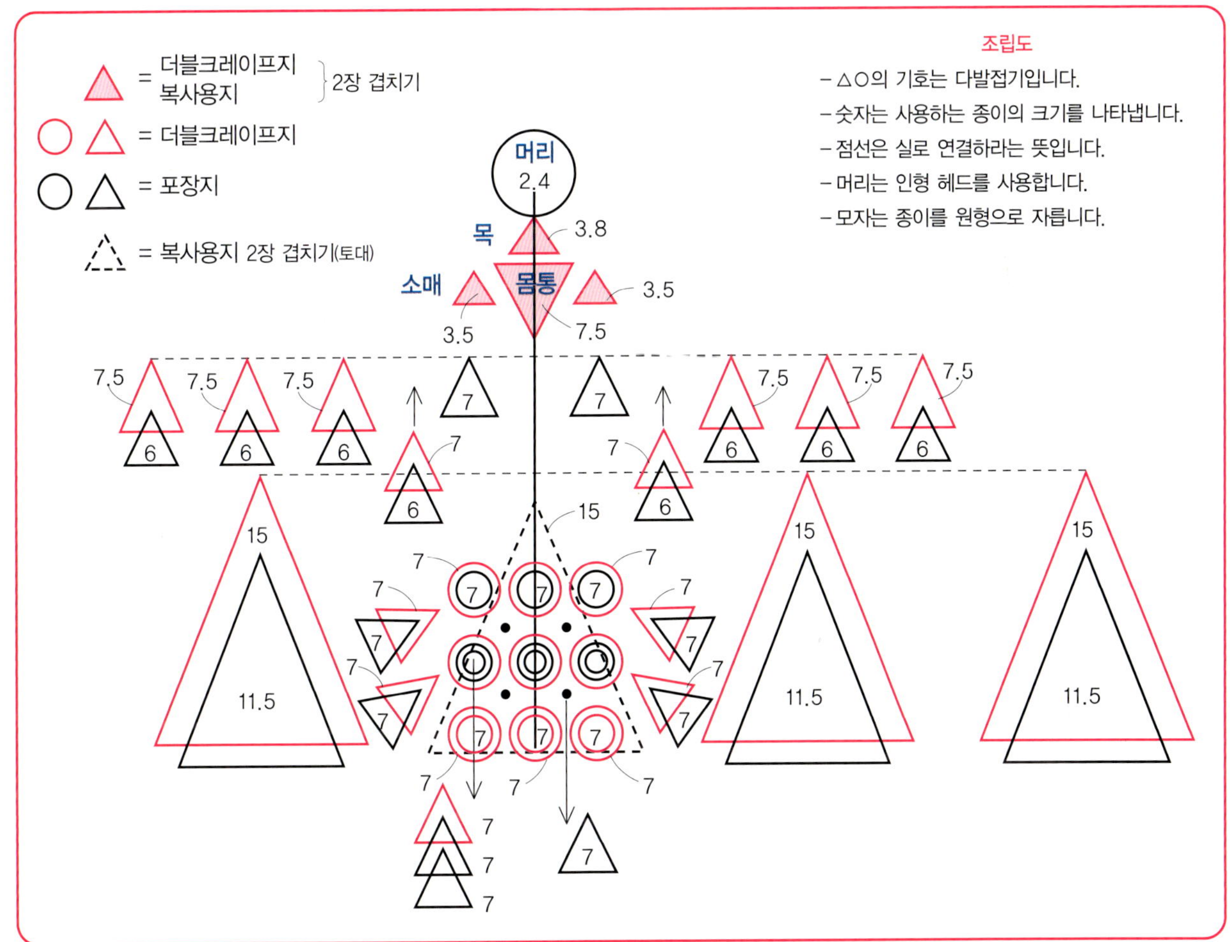

완성크기 폭 약 14cm 높이 약 16cm

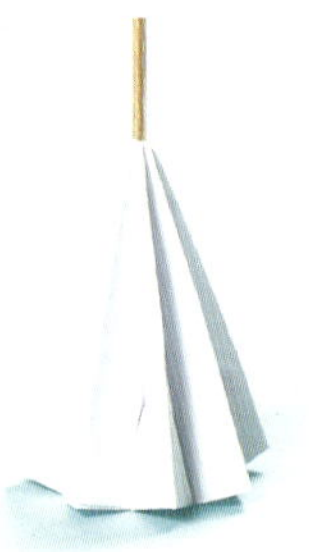

1　토대의 부속에 대나무꽂이를 끼운다. 대나무꽂이의 밑부분 몇 cm에 접착제를 바르고 접은 다발의 중심(접은산)까지 대나무꽂이를 끼워 넣는다.

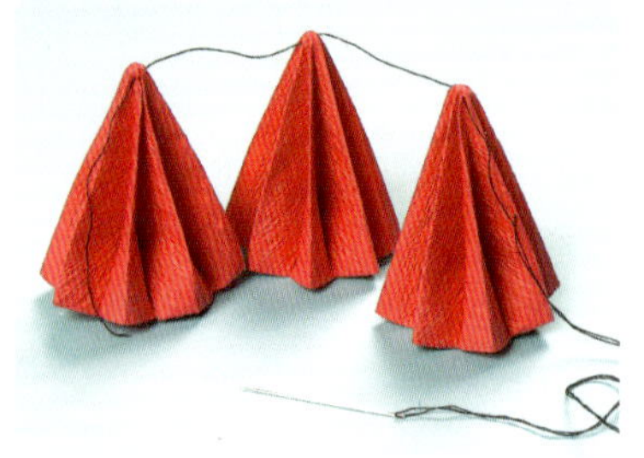

2　스커트를 만든다. 15cm 뿔로 접은 다발 3개를 무명실로 연결한다.

3　접은 다발이 찌그러지지 않을 정도로 실을 잡아당겨 묶는다.

4　스커트를 토대의 대나무꽂이에 끼워, 토대 부속의 뒤쪽 반쯤 되는 주름골에 접착제를 발라 붙인다.

5　스커트를 씌워 붙인 모습.

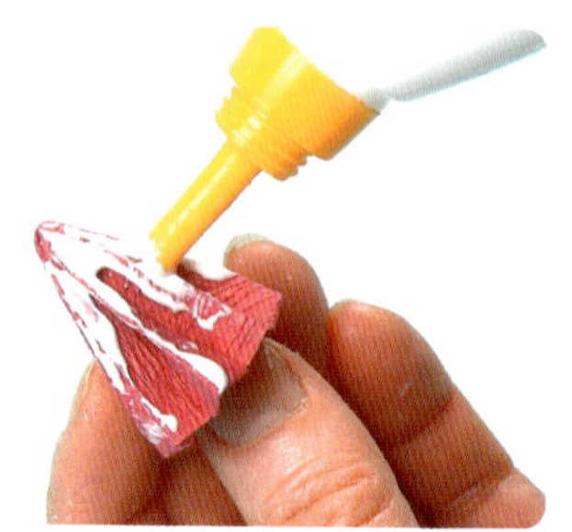

6　7cm 뿔로 접은 다발의 한쪽에 접착제를 발라 토대의 부속에 단다.

7　토대의 옷자락에 맞춰 7cm 뿔로 접은 다발 3개를 단 모습.

8　그 위에 다시 3개를 더 단다.

9　똑같이 그 위에 3개를 더 단다.

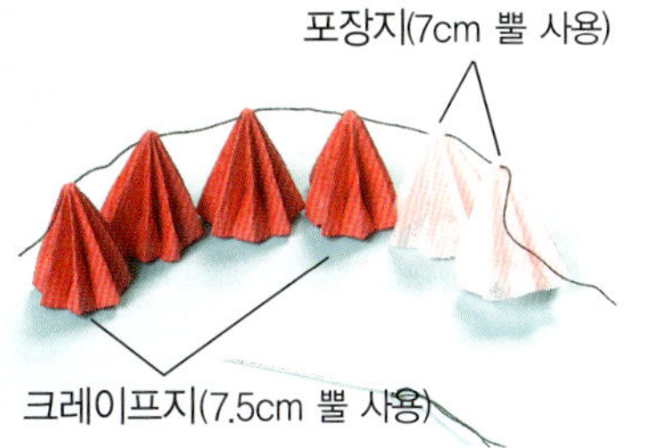

10 허리 부분의 스커트를 무명실로 연결한다. 접은 다발의 꼭대기에서 약 5mm의 위치에 바늘을 넣는다.

11 접은 다발이 찌그러지지 않을 정도로 실을 잡아당겨 묶는다.

12 토대의 부속에 올려놓는다.

13 앞면의 부속 중에서 위 6개에 겹침 부속을 끼워 넣는다. 접착제를 발라 4mm 성도 비켜 꺼내둔다.

14 아래 3개에 똑같은 모양의 부속을 겹친다. 접착제를 발라 4mm 정도 비켜 꺼내둔다.

15 중간단 3개에 겹침 부속을 더 끼워 넣는다. 접착제를 발라 4mm 정도 비켜 꺼내둔다.

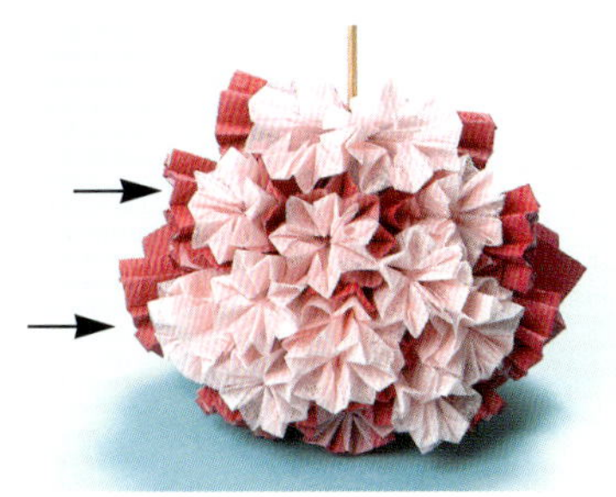

16 틈새를 메운다. O부분에 접착제를 바른 부속을 끼워 넣는다 (4군데).

17 오른쪽 사이드에 7cm 뿔 크레이프지로 접은 다발 2개를 끼워 넣는다. 풀칠한다.

18 왼쪽 사이드에도 똑같이 2개를 끼워 넣어 풀칠한다.

19 양사이드의 4개에 겹침 부속을 끼워 넣는다. 접착제를 발라 4mm 정도 비켜 꺼내둔다.

20 뒤 3개의 스커트에 겹침 부속을 끼워 넣는다. 접착제를 발라 4mm 정도 비켜 꺼내둔다.

21 뒤 스커트 3개에 겹침 부속을 단 모습.

22 뒤 허리 4개에 6cm 뿔로 접착제를 발라 거의 딱 맞게 접은 다발을 끼워 넣는다.

23 앞 허리 부분의 오른쪽 사이드에 크레이프지 부속을 1개 끼워 넣는다.

24 왼쪽 사이드에도 크레이프지 부속을 1개 끼워 넣는다. 7.5cm 뿔로 접은 다발.

25 거기에 6cm 뿔로 접착제를 발라 거의 딱 맞게 접은 다발을 끼워 넣는다.

26 양쪽에 겹친 모습.

27 미리 눈대중으로 구멍을 뚫은 몸통의 부속을 토대의 대나무꽂이에 끼워 접착제를 바른다.

28 정면을 정하고 몸통을 고정시킨다. 몸통은 다발의 주름산이 정면이다.

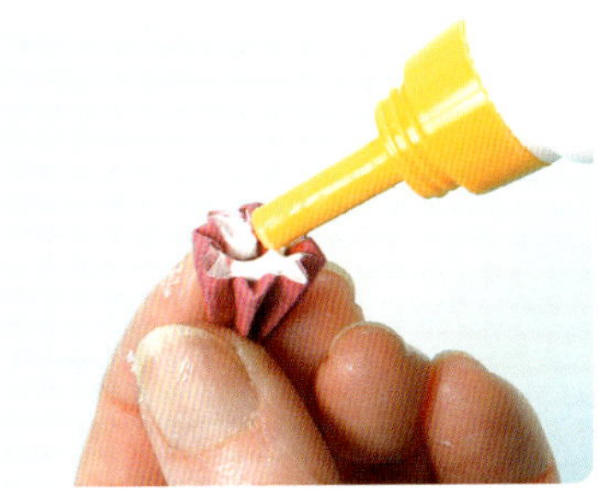

29 목을 만든다. 미리 눈대중으로 구멍을 뚫어 다발의 바닥에 접착제를 바른다.

30 접은 다발의 주름이 서로 맞물리도록 해 토대의 대나무꽂이에 끼운다.

31 소매 부속에 접착제를 바르고 몸통의 골에 단다. 정면에 주름산 3개가 남는다. 잘 붙지 않는 경우는 집게로 고정시키면 된다.

32 몸통 부속의 테두리에 접착제를 발라 블레이드(약 13cm)를 두른다.

33 머리를 단다. 목을 기울이고 싶은 경우는 대나무꽂이를 7mm 정도 남기고 잘라낸다.

34 인형 헤드의 구멍에 접착제를 바르고 목을 살짝 기울여 고정시킨다.

35 머리에 양면테이프를 붙인다. 정수리와 뒷머리에 양면테이프를 겹쳐가면서 붙인다.

36 정수리부터 길이를 정해 머리카락을 붙여나간다.

37 균형을 봐가면서 머리카락을 완성한다. 겹쳐져 양면테이프가 잘 붙지 않으면 접착제를 발라 고정시킨다.

38 모자를 만든다. 2종류의 레이스를 꿰매어 주름을 잡고 겹친 뒤, 중심에 플라워 부속을 달아 고정시킨다.

39 모자에 접착제를 듬뿍 발라 머리에 올리고 머리카락의 컬링이 풀리지 않도록 접착제를 콕콕 찍듯이 발라 모양을 정돈한다(투명한 접착제를 사용).

40 허리에 블레이드(1cm×5cm)를 두르고 정면에 플라워 부속을 단다.

41 몸의 팔에 접착제를 발라 소매에 끼워 넣은 뒤 팔꿈치와 손끝을 살짝 구부린다.

42 핸드백을 만든다(16~17쪽 참조). 리본을 붙이는 순서는 그림을 참고.

43 작은 꽃을 장식해 핸드백을 들게 하면 완성!

조그마한 다발을 채워 넣어 드레스에 볼륨감을 준 타입.
분홍의 하늘하늘한 느낌이 정말 귀여운 인형입니다.

자칫 무거워 보일 수 있는 감색도 살포시 작은 꽃을 꽂아 화사함을 살렸습니다.
모자와 핸드백을 흰색으로 해서 깔끔한 장식이 되었습니다.

연보랏빛을 기본으로 진분홍을 코디한 사랑스런 인형은 오건디리본을 날개옷처럼 보이도록 해 화사함을 더했습니다. 복숭아의 계절에 함께 장식하고 싶은 작품.

마리안느

지적인 공주님 마리안느의 고급스런 자태가 사교계의 동경의 대상임을 보여주는 듯합니다.
스카이블루의 드레스가 멋지죠?

[재료] · 지정한 곳 외에는 다발접기

18cm 뿔 (복사용지. 흰색)	2장 2장 겹치기(토대)	인형 헤드(목제)	지름 2.4cm 1개
15cm 뿔 (종이냅킨)	4장 ⎫ 2장 겹치기	인형 헤어	약간
15cm 뿔 (포장지. 비취색)	4장 ⎭ (스커트)	몰(중간 두께)	약 8cm×2개(팔)
14cm 뿔 (종이냅킨)	4장 ⎫ 2장 겹치기	대나무꽂이	15.5cm×1개
14cm 뿔 (포장지. 비취색)	4장 ⎭ (스커트)	프릴리본(모자용)	약 3cm 폭×약 20cm
9cm 뿔 (종이냅킨)	4장 ⎫ 4개만	프릴리본(모자용)	약 4cm 폭×약 20cm
9cm 뿔 (포장지. 비취색)	27장 ⎭ 2장 겹치기	프릴리본(허리용)	약 2.5cm 폭×20cm
9cm 뿔 (복사용지. 흰색)	1장 ⎭ 2장 겹치기(몸통)	블레이드(옷깃, 모자, 핸드백용)	약 1cm 폭×약 60cm
11.5cm 뿔 (포장지. 비취색)	8장	화학 섬유 레이스테이프(핸드백용)	약 1.3cm 폭×약 10cm
10cm 뿔 (포장지. 비취색)	8장	가장 두꺼운 몰	약 8cm
7.5cm 뿔 (포장지. 비취색)	14장	가는 코드(핸드백용)	약간
4cm 뿔 (포장지. 비취색)	1장 ⎫ 2장 겹치기	진주코드(목걸이)	약간
4cm 뿔 (복사용지. 흰색)	1장 ⎭ (목)	진주 구슬(귀걸이, 부채, 가슴 부분)	지름 4mm×9개
3.8cm 뿔 (포장지. 비취색)	2장 ⎫ 2장 겹치기	플라워 부속(모자, 허리, 핸드백, 부채)	4개
3.8cm 뿔 (복사용지. 흰색)	2장 ⎭ (소매)	플라워 부속(부채, 가슴 부분)	7개
7.5cm 뿔 (복사용지. 흰색)	1장(핸드백용)	플라워 부속(조화)	약간
10cm×약 20cm(복사용지. 흰색) 2장(부채, 모자용)			

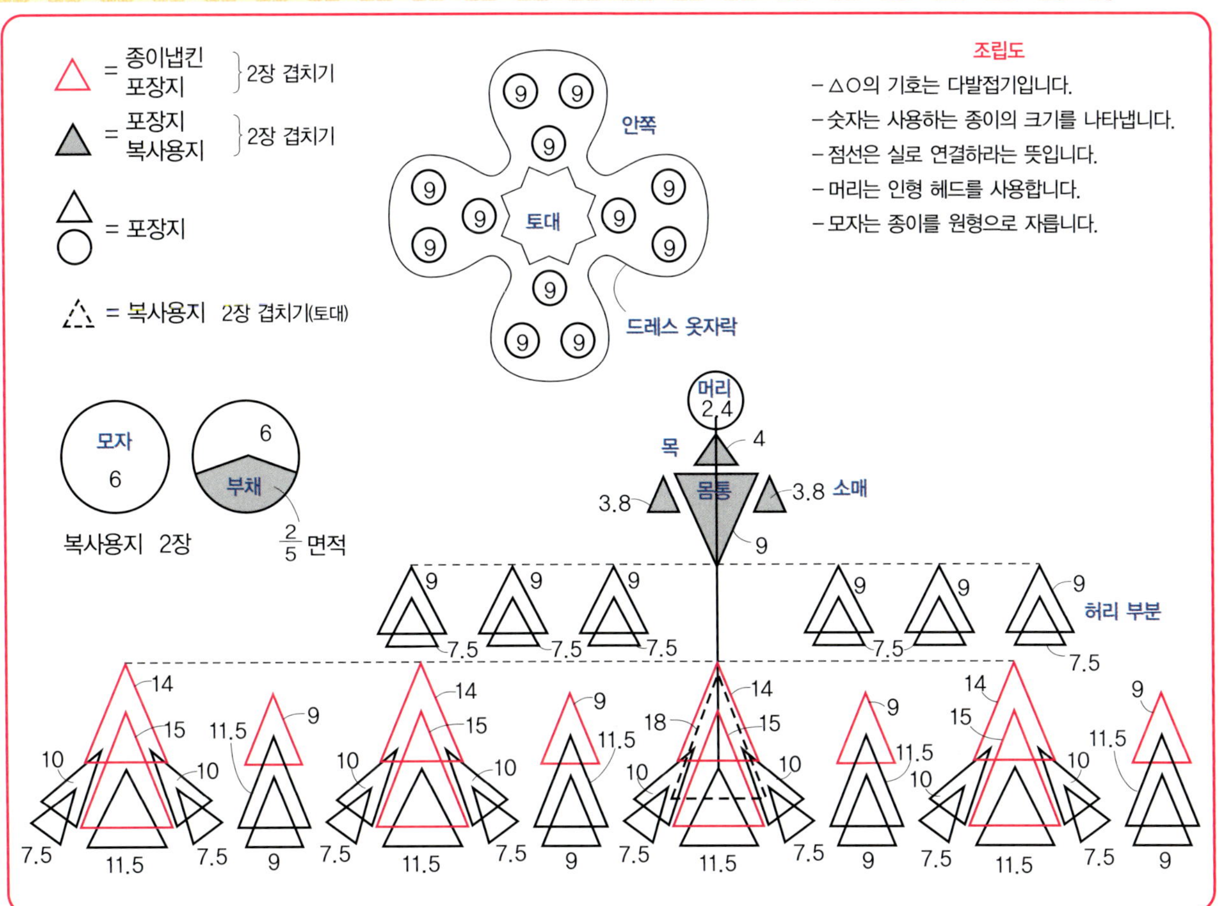

완성크기 **폭** 약 20cm **높이** 약 19cm

1 토대의 부속에 대나무꽂이를 끼운다(대나무꽂이의 밑부분 몇 cm에 접착제를 발라 접은 다발의 중심(접은산까지 대나무꽂이를 끼워 넣는다).

2 스커트를 만든다. 14cm 뿔로 접은 다발 4개를 무명실로 연결한다(접은 다발의 꼭대기에서부터 약 5mm 위치에 바늘을 넣는다).

3 실을 묶어 토대의 대나무꽂이에 끼운다. 토대 부속의 주름골에 접착제를 발라 스커트를 씌운다.

4 토대 부속의 주름 중 하나를 두고, 4군데에 접착제를 발랐으면 스커트의 주름산을 토대에 맞물리도록 붙인다.

5 밑단 스커트는 토대의 옷자락에 가지런히 맞추어 15cm 뿔로 접은 다발의 위 반 정도에 접착제를 발라 끼워 넣는다.

6 밑단 스커트의 테두리도 토대의 주름에 접착제로 붙인다.

7 윗단 스커트 사이에 9cm 뿔로 접은 다발의 부속을 끼워 넣는다. 옷자락을 가지런히 해 풀칠한다.

8 4개를 끼워 넣어 풀칠한 모습.

9 그 다발에 11.5cm 뿔로 접은 다발의 부속을 접착제를 발라 끼워 넣고 옷자락을 정돈한다.

10 4개를 끼워 넣어 풀칠한 모습.

11 윗단 스커트 안에 10cm 뿔로 접은 다발의 부속을 끼워 넣는다. 하나에 2개씩 8군데, 옷자락을 정돈한다.

12 10cm 뿔로 접은 다발을 8군데, 끼워 넣은 모습. 윗단, 14cm 뿔로 접은 다발의 양 끝에 하나씩 해서 총 8개.

13 사이에 끼워진 부속의 밑단에 9cm 뿔로 접은 다발을 끼워 넣는다. 접착제를 발라 4mm 정도 비켜 꺼내놓는다.

14 끼워 넣은 모습. 4군데 모두 똑같이 끼워 넣는다.

15 처음에 만든 밑단 스커트에 11.5cm 뿔로 접은 다발을 끼워 넣는다. 접착제를 발라 4mm 정도 비켜 꺼내놓는다.

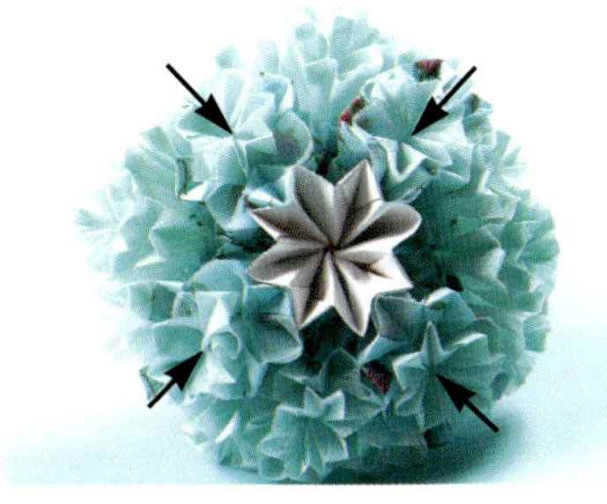

16 4군데에 끼워 넣은 모습.

17 11, 12에서 단 부속 안에 7.5cm 로 접은 다발을 끼워 넣는다.

18 끼워 넣은 모습. 8군데 모두 똑같이 끼워 넣는다.

19 속 틈새에도 9cm로 접은 다발을 끼워 넣는다. 토대에 곁들여 4개.

20 4개 끼워 넣은 모습.

21 다시 드레스의 틈새에 부속을 2개씩 끼워 넣는다. 조립도, 속부분의 그림 참조.

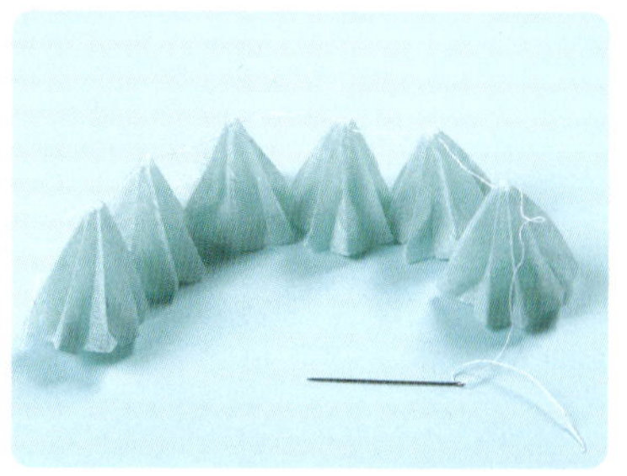

22 8개를 전부 끼워 넣은 모습. 조립도를 참조해 틈새를 메워 넣는다.

23 허리 부분의 스커트를 만든다. 9cm 뿔로 접은 다발 6개를 무명실로 연결한다(접은 다발의 꼭대기에서부터 약 5mm의 위치에 바늘을 넣는다).

24 접은 다발이 찌그러지지 않을 정도로 실을 당겨 묶는다.

25 겹쳐서 몸통의 대나무꽂이에 끼운다(풀칠하지 않는다).

26 미리 눈대중으로 구멍을 뚫은 몸통 부속을 끼우고 접착제를 바른다.

27 정면을 정해 몸통을 고정시킨다. 스커트는 사이에 끼운 부속의 중심, 몸통은 다발의 주름산이 정면이다.

28 목을 만든다. 미리 눈대중으로 구멍을 뚫어 다발의 바닥에 접착제를 바르고 대나무꽂이를 끼워, 몸통 부속의 주름과 맞물리도록 한다.

29 목과 몸통의 틈새를 메워나가듯이 플라워 부속을 단다(작은 꽃에 구슬을 단 것을 준비했다).

30 허리 부분의 스커트에 7.5cm 뿔로 접은, 다발을 끼워 넣는다.

31 목걸이를 단다. 진주코드를 2바퀴 감아 뒤에서 양면테이프로 고정시킨다.

32 소매 부속에 접착제를 바르고 몸통의 골에 단다. 사진처럼 정면에 주름산 3개가 남는다. 잘 안 붙는 경우에는 집게로 고정시킨다.

33 옷깃 장식을 단다. 몸통 다발의 테두리에 접착제를 발라 블레이드를 두르듯이 단다.

34 머리를 단다. 목을 기울이고 싶은 경우에는 대나무꽂이를 7mm 정도 남기고 잘라낸 뒤, 인형 헤드의 구멍에 접착제를 바르고 목을 살짝 기울여 고정시킨다.

35 머리에 양면테이프를 붙인다. 정수리와 뒷머리에 양면테이프를 겹쳐가면서 붙인다.

36 정수리부터의 길이를 정해 머리카락을 붙여나간다.

37 균형을 봐가면서 머리카락을 마무리한다. 겹쳐져서 양면테이프가 잘 붙지 않으면 접착제를 발라 고정시킨다.

38 모자를 만든다(51~54쪽 참조).

39 모자의 중심에 접착제를 발라 머리에 얹고, 머리카락의 컬링이 풀리지 않도록, 접착제를 콕콕 두드리듯이 발라 모양을 정돈한다. 귀걸이도 단다.

40 허리 장식을 만든다. 프릴리본에 접착제를 발라 허리 부분에 걸치고, 앞 중심의 부속 양옆구리에 늘어뜨려 끼운다.

41 플라워 부속을 허리의 정면에 단다.

42 몰의 팔에 접착제를 바르고 소매에 끼워 넣어 팔꿈치와 손끝을 살짝 구부린다.

43 작은 꽃들을 드레스에 뿌려놓듯 붙인다.

44 핸드백을 만든다(16~17쪽 참조). 리본을 붙이는 순서는 그림을 참고.

45 부채를 만든다(85쪽 참조).

46 인형에 핸드백과 부채를 들면 완성!

허리 부분에 단 다발을 뒤쪽으로 가게 해 힙 위에 볼륨감을 더
한 백스타일의 드레스인형입니다. 장식도 고혹적인 것에 중점을
둬 바로크 시대의 화려함을 최대한 살렸습니다.

어두울 수도 있는 청록색과 그린색을 화려하게 배치한
귀부인입니다. 진주나 블레이드의 광택이 중후한 드레
스에 포인트를 주고 있습니다.

보라색은 동서양을 불문하고 귀족적인 색으로 받아들여지고 있습니다.
그중에서도 깊이 있는 이 연자주색은 기품 있는 여성에게 잘 어울리는 색입니다.
포인트 컬러를 실버로 잡은 부분도 럭셔리하지요.

눈꽃 같은 흰색을 기본으로 한 인형. 중세의 귀부인들은 여름 드레스로 순백의 드레스를 주로 입었다고 합니다.
스커트에 뿌려진 작은 꽃도 상큼함을 연출해주고 있습니다. 진주알이 빛나는 부채는 양보할 수 없는 숙녀의 필수품이지요.

조세핀

우아하고 상냥한 조세핀. 패션, 유행, 사랑이야기까지
뭐든 친절히 들어주는 멋진 맏언니랍니다.

[재료] · 지정한 곳 외에는 다발접기

18cm 뿔 (복사용지. 흰색)	2장 2장 겹치기(토대)	인형 헤드(목제)	지름 2.4cm 1개
10cm 뿔 (종이냅킨)	28장 ⎫ 2장 겹치기	인형 헤어	약간
10cm 뿔 (포장지. 초록)	28장 ⎭ (스커트)	몰(중간 두께)	약 8cm×2개(팔)
8cm 뿔 (종이냅킨)	12장 ⎫ 2장 겹치기	대나무꽂이	15.5cm×1개
8cm 뿔 (포장지. 초록)	12장 ⎭ (스커트)	프릴리본(모자용)	약 3cm 폭×약 20cm
7cm 뿔 (포장지. 초록)	20장	프릴리본(모자용)	약 4cm 폭×약 20cm
9cm 뿔 (포장지. 초록)	17장 ⎫ 1개만 2장 겹치기	프릴리본(허리용)	약 4cm 폭×약 37cm
9cm 뿔 (복사용지. 흰색)	1장 ⎭ (몸통)	블레이드(가슴 부분, 모자용)	약 1cm 폭×약 40cm
4cm 뿔 (포장지. 초록)	1장 ⎫ 2장 겹치기	제일 두꺼운 몰	약 8cm
4cm 뿔 (복사용지. 흰색)	1장 ⎭ (목)	리본(핸드백용)	약 2cm 폭×약 12cm
3.8cm 뿔 (포장지. 초록)	2장 ⎫ 2장 겹치기	면레이스테이프(핸드백용)	약간
3.8cm 뿔 (복사용지. 흰색)	2장 ⎭ (소매)	가는 코드(핸드백용)	약간
7.5cm 뿔 (복사용지. 흰색)	1장(핸드백용)	스크랩부킹 왕관씰(목걸이)	1장
10cm×약 20cm(복사용지. 흰색)	1장(모자용)	진주 구슬(귀걸이)	지름 4mm×2개
6cm 뿔 (복사용지. 흰색)	2장(부채용)	플라워 부속(가슴 부분, 부채)	13개
7.5cm 뿔 (포장지. 흰색)	2장(모자용)	플라워 부속(모자, 옷깃, 핸드백)	3개
6cm 뿔 (포장지. 흰색)	2장(부채용)	플라워 부속(조화)	약간

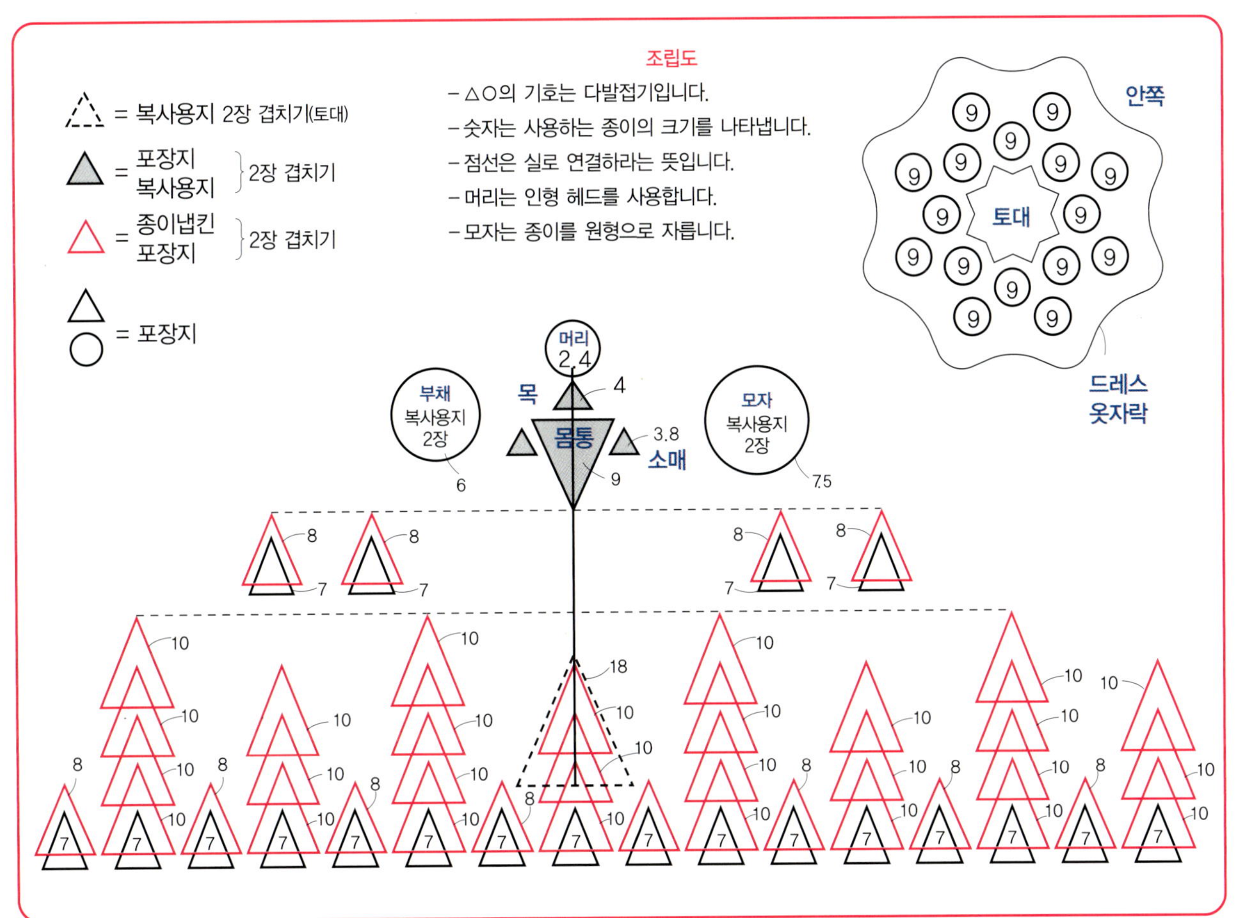

완성크기 **폭** 약 20cm **높이** 약 20cm

1 토대의 부속에 대나무꽂이를 끼운다. 대나무꽂이의 밑부분 몇 cm에 접착제를 바르고 접은 다발의 중심(접은산)까지 대나무꽂이를 끼워 넣는다.

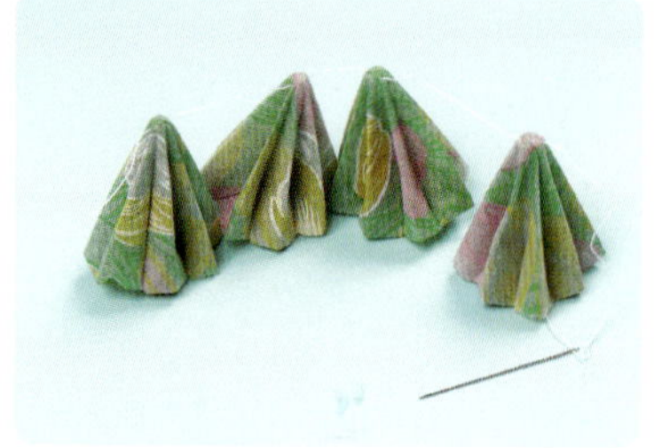

2 스커트를 만든다. 10cm 뿔로 접은 다발 4개를 무명실로 연결한다(다발의 꼭대기에서부터 약 5mm의 위치에 바늘을 넣는다).

3 접은 다발이 찌그러지지 않을 정도로 실을 묶는다.

4 스커트를 토대의 대나무꽂이에 끼워, 토대 부속의 주름골에 접착제를 발라 씌운다.

5 토대 부속의 주름 중 하나를 두고 4군데에 접착제를 발랐으면 스커트의 주름산을 맞물리도록 붙인다.

6 두 번째 단 스커트, 10cm 뿔로 접은 다발의 위 반 정도에 접착제를 바른다.

7 두 번째 단 스커트를 끼워 넣는다(단의 간격은 약 1.5cm).

8 똑같이 세 번째 단 스커트를 끼워 넣는다(단의 간격은 약 1.5cm).

9 똑같이 네 번째 단 스커트를 끼워 넣는다(단의 간격은 약 1.5cm).

10 부속을 끼운다. 10cm 뿔로 접은 다발의 한쪽 면에 접착제를 바르고 두번 째 단의 옷자락 라인에 맞춰 붙인다.

11 4군데를 단 모습.

12 똑같이 세 번째 단 스커트의 옷자락 라인에 맞춰 부속을 끼워 넣는다(4군데).

13 똑같이 네 번째 단 스커트의 옷
자락 라인에 맞춰 부속을 끼워
넣는다(4군데).

14 8cm 뿔로 접은 다발의 양 사이
드의 주름산에 접착제를 바른다.

15 네 번째 단 옷자락에 부속을 끼
우듯이 가지런히 단다.

16 똑같이 8개의 부속을 끼워 단
모습(옷자락 둘레에는 전부 16개의
부속이 된다).

17 스커트의 속에 부속을 끼워 넣
는다. 9cm 뿔로 접은 다발의
한쪽 면에 접착제를 발라 토대의 주름
을 따라 끼워 넣는다.

18 8개의 부속을 끼워 넣은 모습(조
립도, 안쪽의 그림 참조).

19 그 바깥쪽 틈새에도 부속을 끼
워 넣는다. 9cm 뿔로 접은 다
발의 위 반 정도에 접착제를 발라 끼워
넣는다.

20 8개의 부속을 끼워 넣은 모습
(조립도, 안쪽의 그림 참조).

21 옷자락 둘레의 부속에 겹침 부
속을 끼워 넣는다. 7cm 뿔로
접은 다발의 위 반 정도에 접착제를 발
라, 4mm 정도 비켜 꺼내놓는다.

22 16개의 부속을 끼워 넣은 모습.

23 허리 부분의 스커트를 만든다. 8cm 뿔로 접은 다발 4개를 무명실로 연결한다.

24 접은 다발이 찌그러지지 않을 정도로 실을 묶고, 몸통에 겹쳐 대나무꽂이에 끼웠으면, 앞을 열어 뒤로 살짝 밀어내는 느낌으로 얹는다(풀칠하지 않는다).

25 미리 눈대중으로 구멍을 뚫어놓은 몸통 부속을 끼워, 정면을 정하고 몸통을 고정시킨다. 몸통은 다발의 주름산, 스커트는 3단겹침 부분이 정면이다.

26 목을 만든다. 눈대중으로 구멍을 뚫어 다발의 바닥에 접착제를 바른다. 토대의 대나무꽂이에 끼워 다발의 주름이 맞물리도록 한다.

27 프릴리본(27cm)에 접착제를 발라, 허리 부분에 두르고 앞 중심의 부속을 따라 끼워나가듯이 단다.

28 짧은 프릴리본(5cm)에 접착제를 발라 앞 중심 부분에 올려놓듯이 단다(2줄).

29 허리 부분의 스커트에 겹침 부속을 넣는다. 7cm 뿔로 접은 다발에 접착제를 발라 딱맞게 끼워 넣는다(4개).

30 소매 부속에 접착제를 발라, 몸통의 골에 단다. 정면에 주름산 3개가 남는다. 잘 안 붙는 경우에는 집게로 고정시킨다.

31 옷깃 장식을 단다. 몸통 다발의 테두리에 접착제를 발라 블레이드를 두르듯이 단다(약 14cm).

32 티아라(왕관)씰. 여러 가지 스크랩부킹 종류.

33 티아라(왕관)씰을 거꾸로 해, 목걸이로 목에 붙인다.

34 머리를 단다. 목을 기울이고 싶은 경우에는 대나무꽂이를 7mm 정도 남기고 잘라낸다.

35 인형 헤드의 구멍에 접착제를 발라 끼워, 목을 살짝 기울여 고정시킨다.

36 목과 몸통의 틈새를 메워나가듯이 플라워 부속을 단다(작은 꽃에 구슬 단 것을 준비했다).

37 머리에 양면테이프를 붙인다. 정수리와 뒷머리에 양면테이프를 겹쳐가면서 붙인다.

38 정수리부터의 길이를 정해 머리
카락을 붙여나간다.

39 머리카락을 마무리한다. 겹쳐져
서 양면테이프가 붙지 않으면
접착제를 발라 고정시킨다. 머리카락의
컬링이 풀리지 않도록 모양을 정돈해
접착제를 콕콕 두드리듯이 해서 마무리
한다.

40 귀걸이(돔 형태의 구슬)와 가슴
부분에 플라워 부속을 단다.

41 모자를 만든다(51~54쪽 참조).
테두리에 끼운 프릴, 챙에 얹은
이중 프릴, 꼭대기에 얹은 플라워 부속
의 화려한 모자.

42 모자의 안쪽에 붙인 블레이드도
화사하다.

43 모자의 중심에 접착제를 듬뿍
발라 머리에 얹는다.

44 꽃 장식을 단다. 스커트 부분에
조화를 접착제로 바른다.

45 몸의 팔에 접착제를 발라 소매
에 끼워 넣고 팔꿈치와 손끝을
살짝 구부린다.

46 핸드백을 만든다(16~17쪽 참조).
리본을 붙이는 순서는 그림 참고.

부채 만드는 법

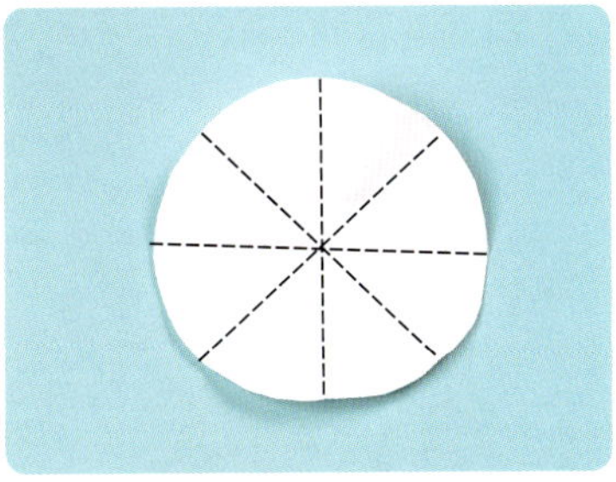

47 부채를 만든다. 복사용지 2장을 겹쳐 맞붙이고 지름 6cm의 원으로 잘라 8등분의 접은선을 넣어둔다.

48 그중 $\frac{2}{8}$를 잘라 빼낸다.

49 포장지를 양면에 붙인다.

50 부채 모양(심)으로 잘라내어 12등분하듯이 접어나간다.

51 끝에 접착제를 바른다.

52 거기에 제일 두꺼운 몰(약 1cm 폭)을 붙인다.

53 플라워 부속을 붙인다.

54 장식끈을 달아 부채 완성.

55 인형에 부채와 핸드백을 들게 하면 완성!

스커트 부분의 다발을 4단이나 겹쳐서 옷자락이 풍성한 드레스를 만들어 보았습니다. 분홍과 흰색의 러블리 인형은, 무늬 없는 차분한 겹침 다발이 페티코트처럼 보여 무도회에 가는 듯한 느낌이지요. 볼륨감 넘치는 드레스에는 프릴을 잔뜩 단 소품이 어울립니다.

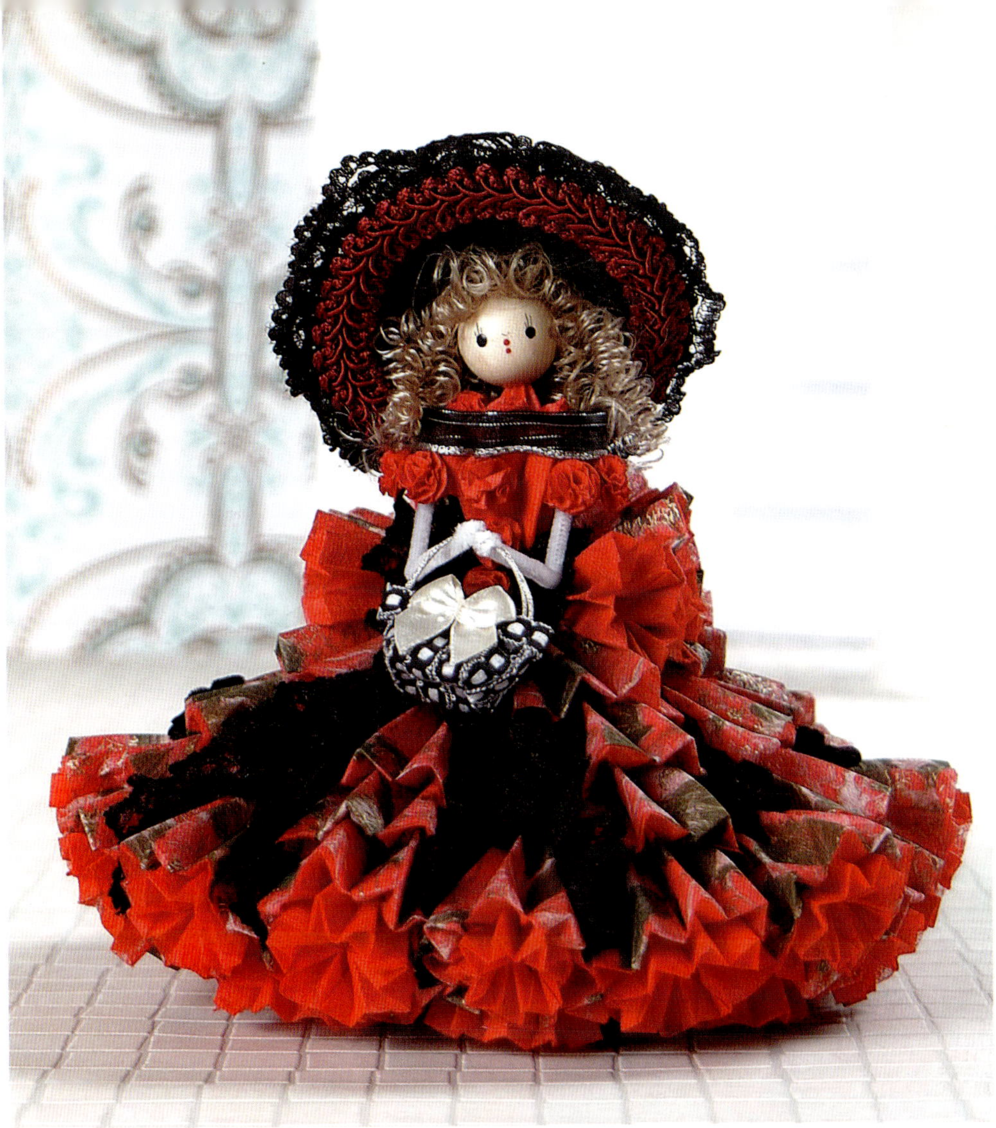

type G
응용 작품

진홍색의 장미를 떠올리게 하는 드레스입니다. 검정을 배합함으로서 너무 강해질 수 있는 인상을 핸드백의 리본으로 귀엽게 코디했습니다(귀여움은 인형 만들기의 핵심입니다).

프릴리본, 풍성한 옷자락 등 화려함을 살린 드레스에는 볼륨감 있는 모자나 고혹적인 부채가 딱이지요. 너무 화사해질 수 있는 소품도 흰색을 살려 순수함을 유지해주고 있습니다.

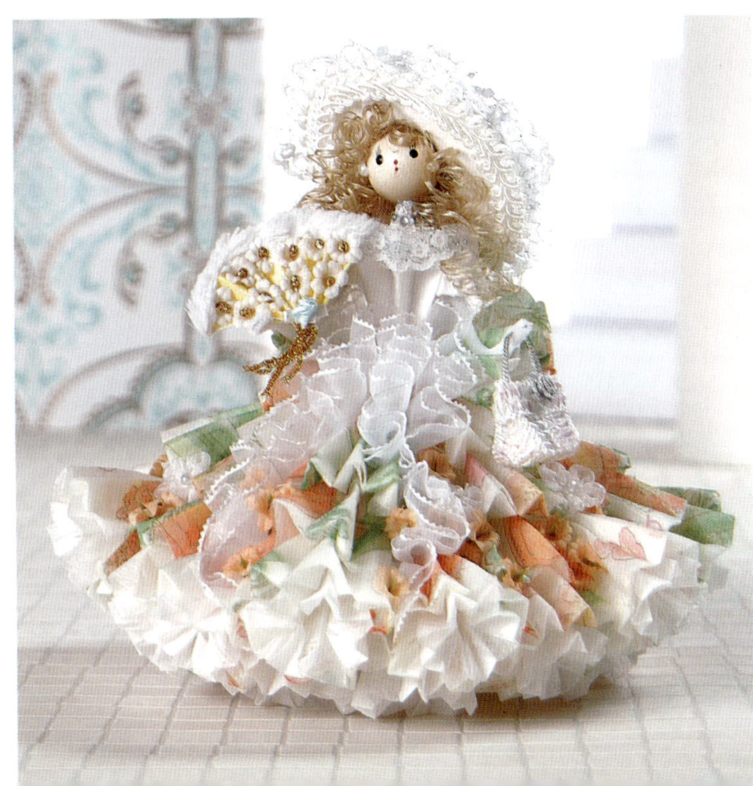

스칼렛

아름다운 스칼렛은 왕자님들의 마음을 설레게 하는 정열적인 공주님이랍니다.
강렬한 매력을 감추고 있는 카리스마가 느껴지지요?

[재료] · 지정한 곳 외에는 다발접기

18cm 뿔 (복사용지. 흰색)	2장 2장 겹치기(토대)	인형 헤드(목제)	지름 2.4cm 1개
11.5cm 뿔 (종이냅킨)	12장 ⎱ 2장 겹치기	인형 헤어	약간
11.5cm 뿔 (포장지. 빨강)	20장 ⎰ (스커트)	몰(중간 두께)	약 8cm×2개(팔)
9cm 뿔 (포장지. 빨강)	29장 ⎱ 1개만 2장 겹치기	대나무꽂이	15.5cm×1개
9cm 뿔 (복사용지. 흰색)	1장 ⎰ (몸통)	공예용 와이어#24	12cm×1개
7.5cm 뿔 (포장지. 빨강)	12장	레이스(모자용)	약 2cm 폭×약 25cm
4cm 뿔 (포장지. 빨강)	1장 ⎱ 2장 겹치기	레이스(모자용)	약 3.5cm 폭×30cm
4cm 뿔 (복사용지. 흰색)	1장 ⎰ (목)	레이스(허리용)	약 6cm 폭×약 86cm
3.8cm 뿔 (포장지. 빨강)	2장 ⎱ 2장 겹치기	블레이드(가슴 부분용)	약 1cm 폭×약 15cm
3.8cm 뿔 (복사용지. 흰색)	2장 ⎰ (소매)	리본(핸드백용)	약 2cm 폭×약 10cm
7.5cm 뿔 (복사용지. 흰색)	2장(핸드백용)	블레이드(핸드백용)	약 1cm 폭×약 10cm
10cm 뿔 (복사용지. 흰색)	2장(양산용)	화학 섬유 레이스테이프(양산용)	약 1cm 폭×약 35cm
3cm 뿔 (복사용지. 흰색)	1장	레이스(양산용)	약 1.5cm 폭×약 55cm
2.6cm 뿔 (복사용지. 흰색)	1장	가는 코드(핸드백용)	약간
20cm 뿔 (포장지. 빨강)	1장(양산용)	플라워 부속(모자, 허리, 핸드백)	3개
10cm 뿔 (종이냅킨)	1장(양산용)	플라워 부속(가슴 부분)	3개
		진주 구슬(가슴 부분)	지름 4mm×3개
		플라워 부속(조화)	약간

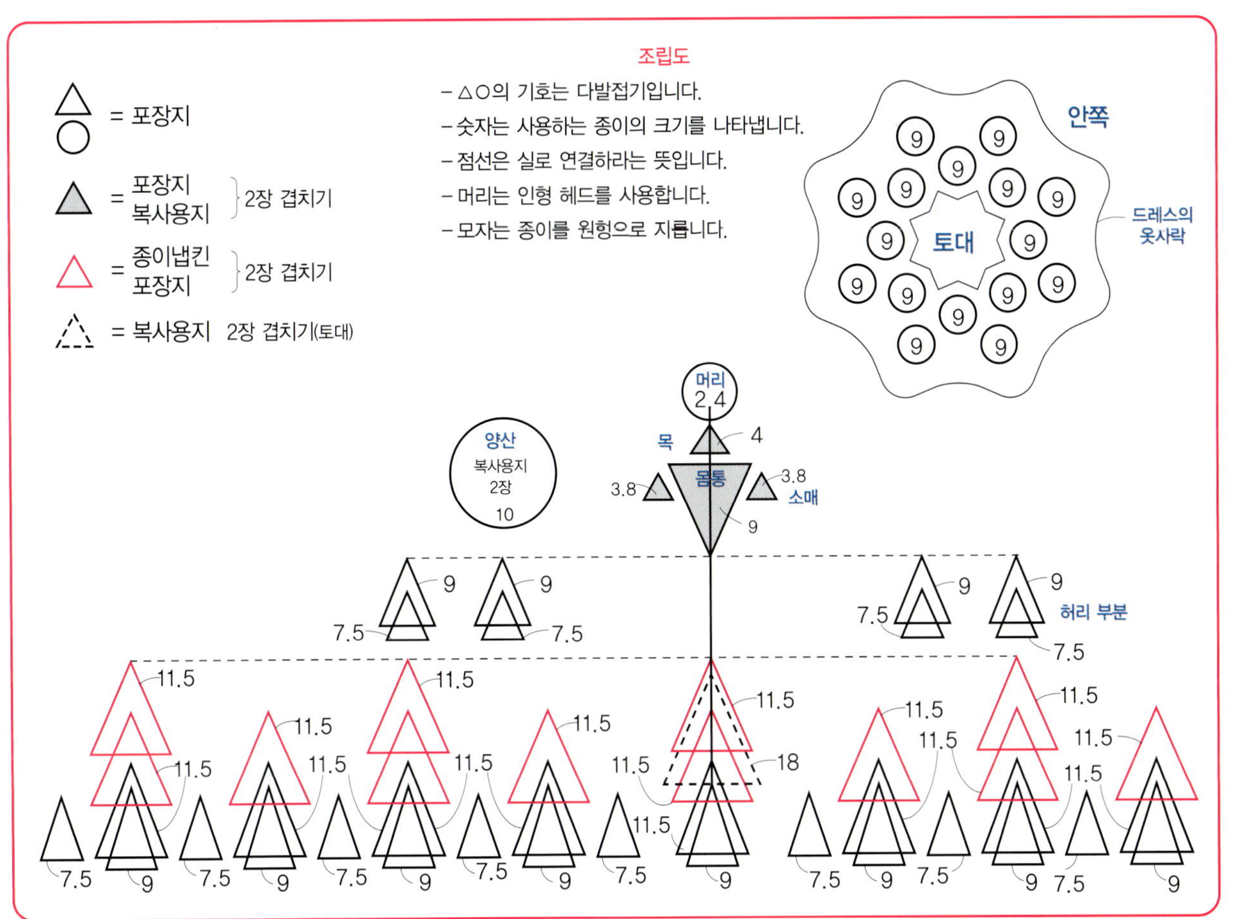

완성크기 **폭** 약 20cm **높이** 약 18.5cm

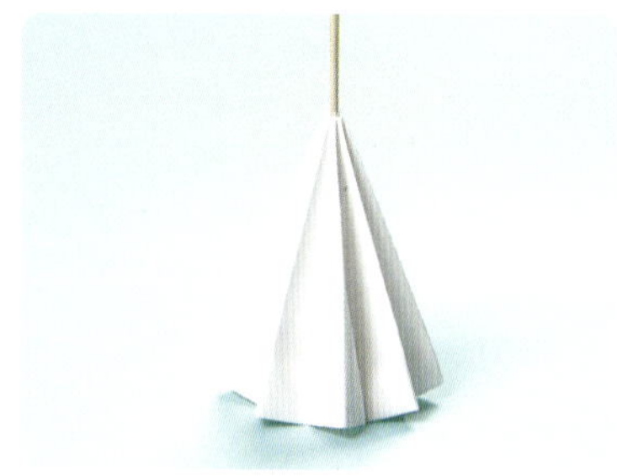

1 토대의 부속에 대나무꽂이를 끼운 다(대나무꽂이의 밑부분 몇 cm에 접착제를 발라 접은 다발의 중심(접은산)까지 대나무꽂이를 끼워 넣는다).

2 스커트를 만든다. 11.5cm 뿔로 접은 다발 4개를 무명실로 연결한다(다발의 꼭대기에서 약 5mm의 위치에 바늘을 넣는다).

3 접은 다발이 찌그러지지 않을 정도로 실을 당겨 묶는다.

4 스커트를 토대의 대나무꽂이에 끼워, 토대의 부속의 주름골에 접착제를 발라 씌운다.

5 토대 부속의 주름 중 하나는 두고 4군데에 접착제를 발랐으면 스커트의 주름산을 토대에 맞물리도록 붙인다.

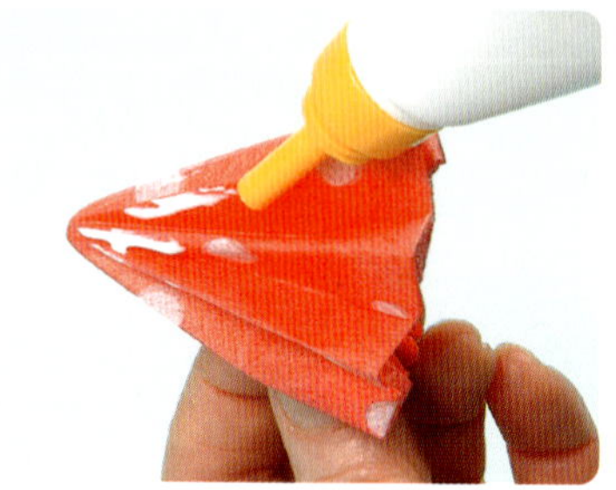

6 두 번째 단의 스커트, 11.5cm 뿔로 접은 다발의 위 반 정도에 접착제를 바른다.

7 두 번째 단의 스커트를 끼워 넣는다. 4군데 끼워 넣은 모습(단의 간격은 약 2.5cm).

8 똑같이 세 번째 단의 스커트를 끼워 넣는다. 4군데 끼워 넣은 모습 (단의 간격은 약 2.5cm).

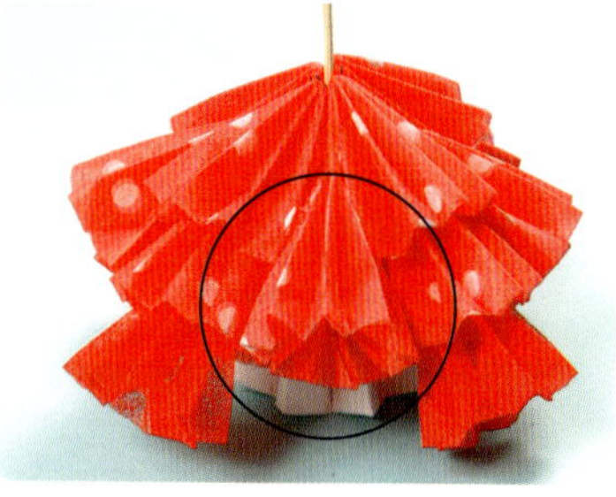

9 11.5cm 뿔로 접은 다발에 접착제를 발라, 두 번째 단의 옷자락에 가지런히 맞춰 사이에 끼워지도록 단다.

10 두 번째 단 옷자락에 잘 맞춰 4
군데 단 모습.

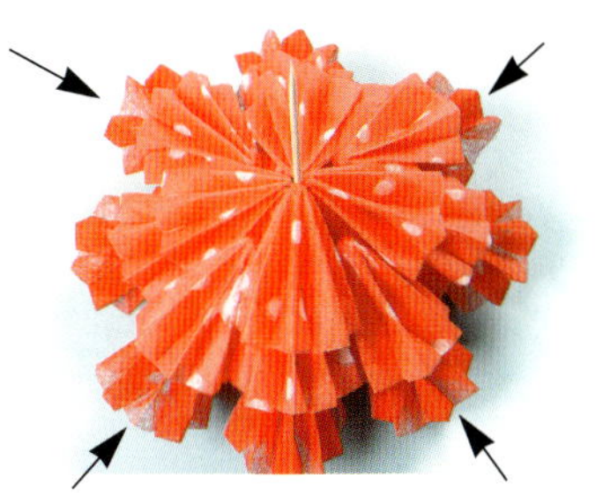

11 거기에 11.5cm 뽈로 접은 다발
을 끼워 넣는다. 세 번째 단의
옷자락에 잘 맞춰 4군데 단 모습.

12 스커트의 속에 9cm 뽈로 접은
다발을 끼워 넣는다. 토대의 주
름골을 따라 부속을 붙인다.

13 끼워 넣은 모습.

14 8군데를 단 모습. 조립도, 안쪽
그림 참조.

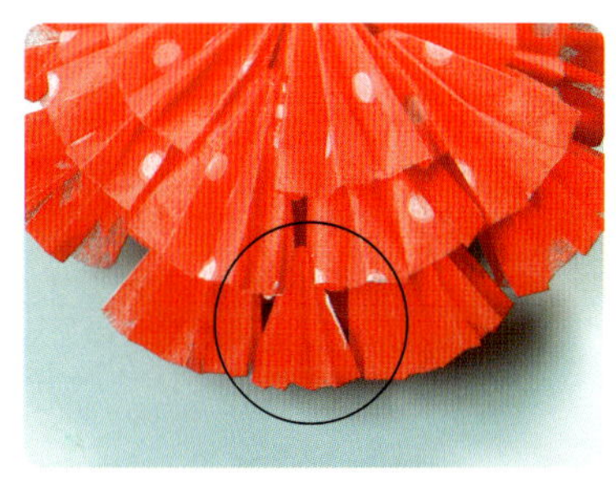

15 7.5cm 뽈로 접은 다발에 접착
제를 발라 세 번째 단 옷자락
사이에 끼워지도록 붙인다.

16 8군데를 단 모습.

17 토대에 단 부속과 드레스 사이
를 메우듯이 9cm 뽈로 접은 다
발을 끼워 넣는다.

18 8군데를 단 모습. 조립도, 안쪽
그림 참조.

19 옷자락 둘레에 9cm 뿔로 접은 다발을 8군데 끼워 넣는다(15, 16 에서 단 부속에는 끼워넣지 않는다).

20 8군데를 끼워 넣은 모습.

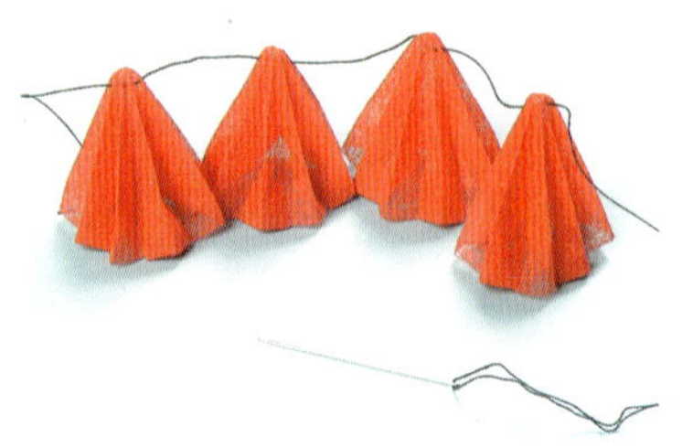

21 허리 부분의 스커트를 만든다. 9cm 뿔로 접은 다발 4개를 무명실로 연결한다(꼭대기에서 약 5mm의 위치에 바늘을 넣는다).

22 접은 다발이 찌그러지지 않을 정도로 실을 당겨 묶는다.

23 겹쳐서 몸통의 대나무꽂이에 끼운다. 사이의 부속 위에 얹는다 (풀칠하지 않는다).

24 미리 눈대중으로 구멍을 뚫은 몸통 부속을 끼워 접착제를 바른다.

25 정면을 정하고 몸통을 고정시킨다. 스커트는 처음에 단 다발의 주름산, 몸통도 다발의 주름산이 정면이다.

26 목을 만든다. 미리 눈대중으로 구멍을 뚫어 다발의 바닥에 접착제를 바른다.

27 토대의 대나무꽂이에 끼운다. 이때 다발의 주름이 서로 맞물리도록 한다.

28 허리 부분에 7.5cm 뽈로 접은 다발을 4군데 딱 맞게 끼워 넣는다.

29 소매 부속에 접착제를 발라 몸통의 골에 단다. 정면에 주름산 3개가 남는다. 달기 어려운 경우는 집게로 고정시킨다.

30 옷깃 장식을 단다. 몸통 다발의 테두리에 접착제를 발라 블레이드를 두르듯이 단다.

31 목과 몸통의 틈새를 메워나가듯이 플라워 부속을 단다(작은 꽃에 구슬 단 것을 준비했다).

32 머리를 단다. 목을 기울이고 싶은 경우는 대나무꽂이를 7mm 정도 남기고 잘라낸다.

33 인형 헤드의 구멍에 접착제를 발라 끼우고 목을 기울여 고정시킨다.

34 머리에 양면테이프를 붙인다. 정수리와 뒷머리에 양면테이프를 겹쳐가면서 붙인다.

35 정수리부터의 길이를 정하고 머리카락을 붙여나간다.

36 균형을 봐가면서 머리카락을 마무리한다. 겹쳐져서 양면테이프가 잘 붙지 않으면 접착제를 발라 고정시킨다.

37 지름 약 6cm 모자를 만든다. 2 종류의 레이스를 꿰매어 잡아당기고 2장을 겹쳐서 플라워 부속(빨강)을 꿰매 단다.

38 모자의 중심에 접착제를 듬뿍 발라 머리에 얹고 머리카락의 컬링이 풀리지 않도록 접착제를 콕콕 찍듯이 발라 모양을 정돈한다.

39 허리 장식을 만든다. 폭 6cm× 43cm의 레이스 2줄을 꿰매어 약 10cm로 잡아당긴 것과 약 13cm로 잡아당긴 것을 준비한다. 긴 쪽의 레이스에 접착제를 발라 허리 부속 아래에 겹친다.

40 짧은 쪽 레이스에 접착제를 발라 허리 부속 위에 단다.

41 플라워 부속을 허리에 단다.

42 몸의 팔에 접착제를 발라 소매에 끼워 넣어 팔꿈치와 손끝을 구부린다.

43 작은 꽃을 드레스에 뿌리듯이 단다.

44 핸드백을 만든다(16~17쪽 참조).
리본을 붙이는 순서는 그림을
참고할 것.

45 핸드백 뚜껑을 닫아 마무리한다.

46 복사용지를 지름 10cm의 원으
로 잘라 2장을 만든다.

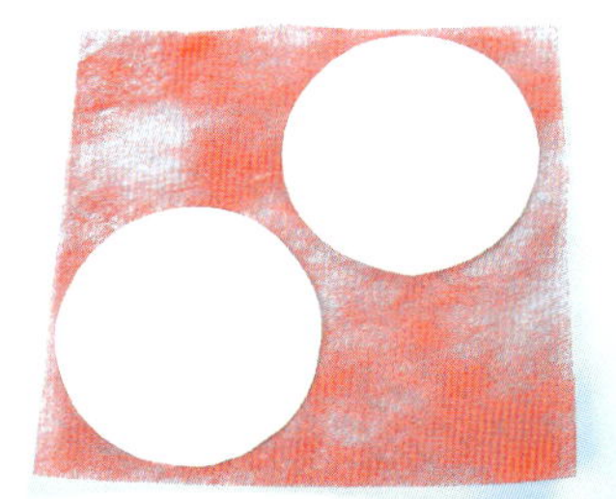

47 포장지에 붙인다.

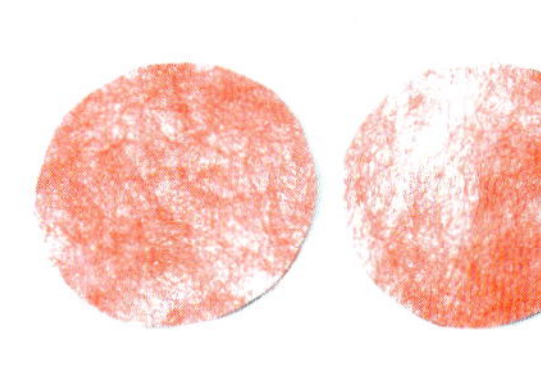

48 포장지째 잘라 빼낸다.

49 1장에만 드레스에 사용한 물방
울 무늬 종이를 겹쳐 붙이고 원
형으로 자른다.

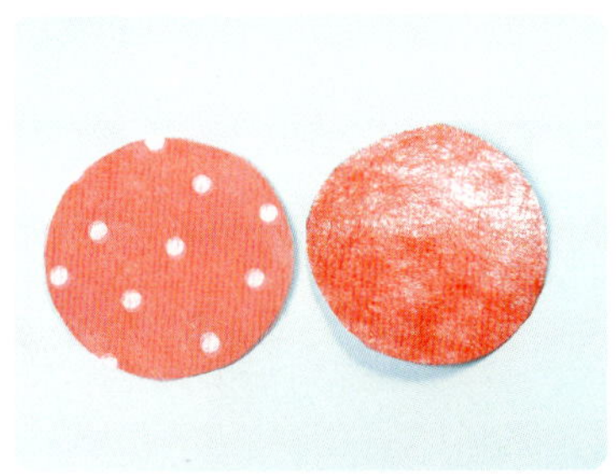

50 둘레를 1cm 정도 남기고 중심
에 접착제를 발라 맞붙인다(복사
용지의 면을 맞붙인다).

51 맞붙인 다음 테두리를 깔끔하게
정돈한다.

52 폭 1.5cm 길이 55cm의 레이스
를 꿰매어 주름을 잡는다.

53 테두리를 벌려 접착제를 바르고 레이스를 끼워 맞붙여나간다.

54 레이스를 다 끼운 모습.

55 양산에 접은선을 4등분으로 넣어 접는다.

56 펼쳐 누른다.

57 안쪽도 펼쳐 누른다. 8등분으로 접은선이 들어간 모습.

58 일으켜 펼쳐 누른다.

59 4군데를 전부 누른다. 16등분으로 접은선이 들어간 모습.

60 펼쳐 위에서 본 모습.

61 겉의 테두리에 접착제를 발라 요철 모양에 맞춰 집게로 고정시키면서 레이스를 붙여나간다(폭1cm 길이 약 32cm).

62 눈대중으로 중심에 구멍을 뚫는다.

63 3cm 뿔, 2.6cm 뿔로 접은 다발을 겹쳐 눈대중으로 구멍을 뚫어 그 2개를 겹쳐서 접착제로 붙인다.

64 2개의 다발에 접착제를 발라 양산의 중심에 붙인다.

65 양산의 중심에 접착제를 발라 공예용 와이어를 끼운다.

66 양산의 끝을 빼내어 5mm 정도 꺼낸다.

67 양산 꼭대기에 꽃 장식(레이스 중 한 모양)을 단다.

68 손잡이를 구부려 양산 완성.

69 인형에게 핸드백과 양산을 들게 하면 완성!

스커트 부분의 다발을 3단 겹친 백스타일의 인형입니다. 시크한 모스그린의 드레스에 보색의 작은 꽃들을 흩뿌려 사랑스러움을 더했습니다.

분홍과 빨강의 조화가 귀여운 인형. 구슬 세공 강아지를 데리고 산책을 나왔네요. 상상력을 펼쳐 보세요.

분홍과 감색의 드레스는 앞 중심에 장식
을 집중시켜 오버스커트풍의 디자인으로
마무리했습니다. 진한 색 모자에 금발이
돋보입니다.

분홍색 상의에 검정 바탕의 프린트 스커
트가 매력적인 드레스입니다. 큼지막한
플라워 부속이 호화로움과 귀여움을 함
께 연출하고 있습니다.

Wedding dress

참고 작품은 만드는 법은 싣고 있지 않습니다. 나만의 작품을 만들 때 참고해 보세요

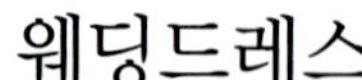

웨딩드레스

메쉬 타입, 부직포 타입, 2종류의 포장지를 겹쳐서 만든 드레스는,
오건디리본도 넉넉히 사용되어 볼륨감이 넘칩니다.
꽃이나 진주 장식과 풍성한 롱헤어가 균형 있게 마무리된 신부인형입니다.

장엄한 세리머니가 어울릴, 아름다운 꽃이 만발한 웨딩드레스로
청순하게 빛나는 행복한 시간을 약속합니다.

접은 다발이 보이지 않을 만큼 오건디 프릴이 수북이 겹쳐져 있는, 순백의 인형.
토크모자(작고 챙이 없으며 머리에 꼭 맞도록 쓰는 모자) 스타일에 스트레이트 헤어가
순백의 이미지를 강조하고 있습니다.

Wedding dress

금박을 뿌려놓은 듯한 종이냅킨을 사용한 드레스는 화려함 속에도 차분하고 안정된 분위기를 만들어 줍니다.

크리스마스드레스

산타크로스를 떠올리게 하는 진빨강 드레스가,
크리스마스를 즐겁게 연출해줍니다.

두꺼운 몰을 모자, 숄, 드레스의 옷자락에 아낌없이 사용해
훈훈한 분위기의 드레스가 완성되었습니다.
골드 장식이 악센트가 되어 크리스마스 기분도 한껏 느껴집니다.

화려한 붉은 드레스 위에 테두리를 악센트적으로 사용한 드레스는 가슴 부분의 하얀 몰이
마치 모피처럼 보이는 호화로운 작품. 축제를 즐기기 위한 옷차림으로 손색 없습니다.

크리스마스, 산타클로스를 떠오르게 하는 빨강과 흰색을 주로 사용해 시각적으로 호소하는
계절감 넘치는 작품입니다.
모피 코트를 입은 귀부인이 많은 선물을 들고 있는 듯합니다.

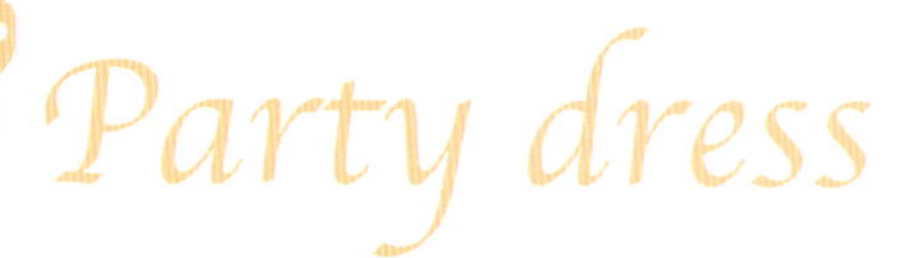

Party dress

참고 작품은 만드는 법은 싣고 있지 않습니다. 나만의 작품을 만들 때 참고해 보세요

파티드레스

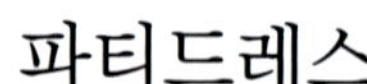

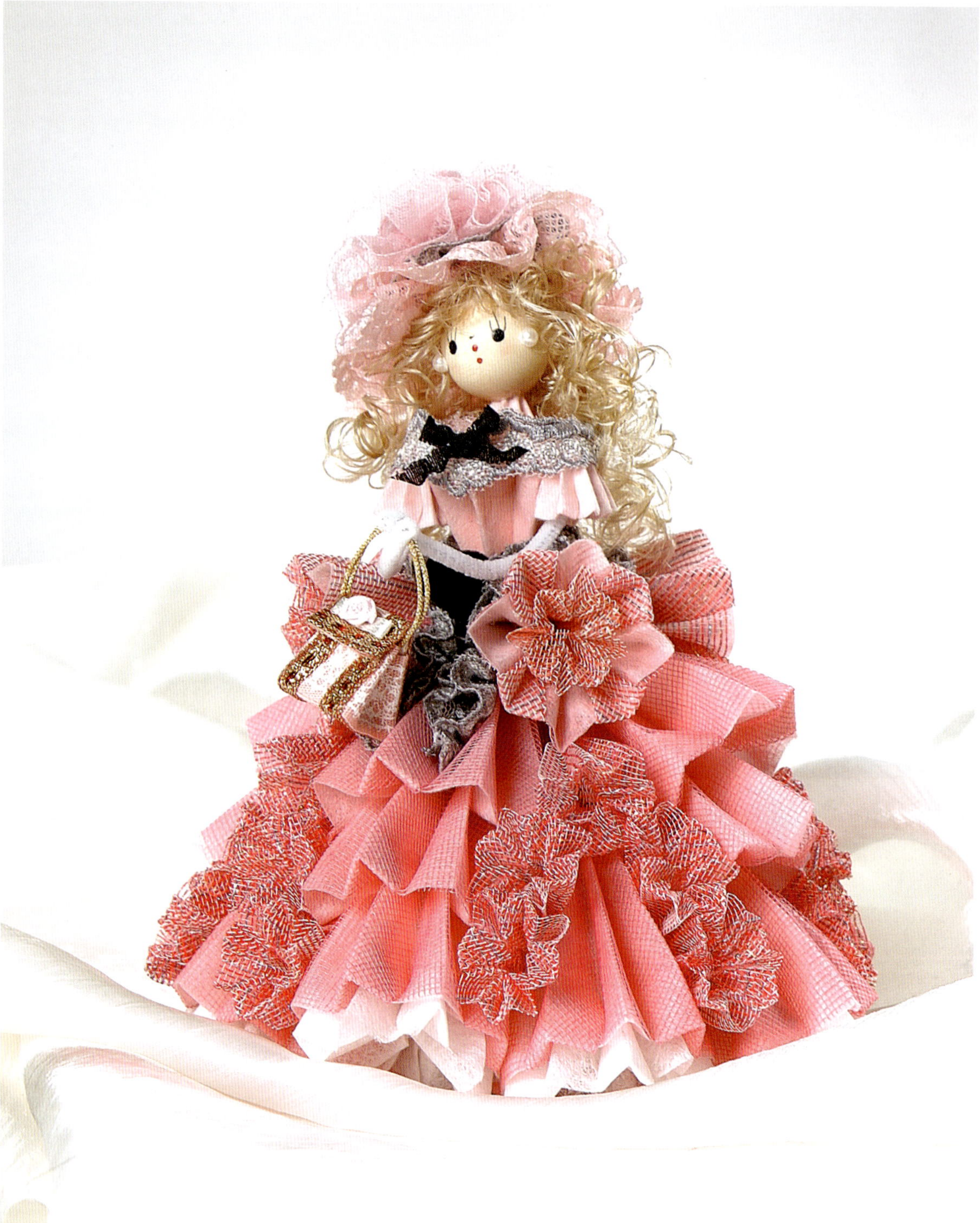

메쉬 색종이를 디자인적으로 배합한 작품. 분홍에 금은 메탈 컬러,
또 검정색 레이스를 센스 있게 이용해 세련된 감각이 느껴집니다.

제비꽃색의 아가씨. 핸드백, 모자, 활짝 핀 작은 꽃에 이르기까지 섬세한 보라색 톤으로 연출한 완성도 높은 디자인입니다.

다크 톤의 프린트 무늬를 코럴레드로 우아하게 통합하고 소량의 검정을 더하는 것으로
기품이 느껴지도록 연출한 작품. 모자의 검정 오간디가 숙녀의 이미지를 한껏 살려주고 있습니다.

검은색 레이스를 사용함으로서 시크한 카키색의 무늬를 도드라지게 한, 성숙미가 느껴지는 작품입니다.
포인트인 노란 꽃도 절제해 사용한 점이 절묘한 디자인.

Party dress

메쉬 색종이만으로 만든 작품입니다.
단조로워질 수 있는 소재를 아지랑이풀이 귀엽게 살려주었습니다.
스트레이트 헤어도 청순한 이미지를 줍니다.

조금 앞으로 내려 쓴 것 같은 토크 모자와 세로줄을 강조한 버슬 스타일의 드레스로,
중세의 전형적인 스타일을 재현했습니다. 악센트인 골드가 럭셔리한 분위기입니다.

리락쿠마

종이접기

테라니시 에리코 종이접기 디자인   강현정 옮김